說　數

張海潮　著

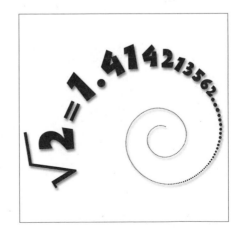

自　序

　　本書裡的 38 篇文章，除了〈歐氏幾何的招牌〉一文因《中央日報》停刊而來不及刊登外，其餘的皆發表於該報副刊「各說各話」專欄，寫作時間自 2005 年 10 月起，到 2006 年 5 月《中央日報》停刊為止。

　　全書內容，依其旨趣，大致分成三類：第一類談的是與數學或數學教育有關的議題，第二類談數學與物理（主要是力學）之間的交會，第三類則是我個人成長過程的體驗，其中談到了幾位我視為典範的人物。

　　我在寫前兩類文章時，花了不少心思來選擇合適的題材。所謂合適，指的是題材不僅要具有代表性，還必須能夠引起一般讀者的興趣。因此，我從經常可見的現象著手，介紹這些現象的數學內涵。例如：在〈九毛九的數學〉中，我從複利談起，然後談到分期付款、零存整付和指數。在〈一筆畫〉裡，用淺顯的道理說明圖形能否一筆畫成的原理。到了〈足球與幾何〉，從足球球面上的花色來介紹正多面體。而〈小時了了，大未必佳?〉

這一篇，表面上好像在描寫一個智商冠軍的故事，實際上是在討論機率。

對許多人來說，數學，是相當技術性的學科，充滿著各式各樣的公式和脫離生活經驗的專有名詞，如：正弦定律、商高定理和排容原理；這些專有名詞在一般人的認知裡，幾乎不具任何意義。這讓我想起橄欖球運動（見本書〈君子之爭〉一文）。橄欖球這項冷門運動就像數學，很難用基本的語言來描述它的規則，例如「拉克」(Ruck) 和「冒爾」(Maul)；雖然拉克和冒爾的俗稱是「亂集團」，但是對一般非運動員的觀眾來說，可能無法理解集團中還有正集團和亂集團的區別。

這些語言上的疏離，阻隔了人們對事件本身的理解和欣賞。橄欖球之所以冷門和數學之所以難解確有相似之處。身為一個長期推動數學教育的工作者，我深切體會許多人在學習數學時所遭遇的挫折，也了解許多人在離開中學之後，就將數學忘得一乾二淨。如果我能為數學說幾句話，我必須選擇大家所熟悉的語言和題材，來介紹重要的數學內容和以簡馭繁的數學本質。

在剛開始加入「各說各話」專欄的時候，其實我還沒有想到我與讀者之間要如何關聯。但是，當我開始回顧我自己年少的時候曾經仔細思索過的一些題材，才強烈的感受到與讀者之間的共同點。因此，我盡量以讀者

的語言來解釋這些千錘百煉的議題。不過，或許因為所描述的議題有客觀上的難度，多少影響了我與讀者之間的交流，謹在此表示歉意。

　　同時，我要藉這個機會，感謝我的高中國文老師杜聿新先生。杜老師在威權時代，就鼓勵我們獨立思考。我把對他的懷念寫在〈不虛此行〉裡。

　　謹以此書與華文世界的讀者共享。

說數 目 次

自 序

數學是什麼？ 3

數學思考與邏輯 8

如何教重要的數學？ 12

老校長出的算術題 16

以簡馭繁 20

小時了了，大未必佳？ 24

九毛九的數學 28

足球與幾何 32

乘 3 加 1 38

一筆畫 42

電腦解數獨 46

畢氏、商高和勾股弦定理　　50

交換鑰匙和祕密通訊　　55

同一天過生日的機率　　59

百分之九十五的信心水準　　63

皮亞諾整理算術系統　　67

歸謬法　　73

2 的平方根是無理數　　77

對稱，不對稱和解方程式　　82

平行公設與歐氏幾何　　86

歐氏幾何的招牌　　90

柏拉圖支持尺規作圖　　97

牛頓發明微積分　　101

速成微積分如何速成？　　105

輯 2

撞球檯上的力學實驗　　111

刻卜勒與二體問題　　115

夏志宏終結百年探索　　120

伽利略的斜塔和斜面　**125**

佛科擺證明地球自轉　**129**

地球繞太陽回不到起點　**133**

光每秒走 30 萬公里　**137**

輯3

愛因斯坦與數學　**145**

1964 年 3 月 13 日　**150**

跳高革命的先行者　**154**

領袖的風範　**159**

項武義概論數學　**163**

君子之爭　**168**

不虛此行　**174**

人名索引　**179**

名詞索引　**182**

輯
1

數學是什麼？

數學是什麼？這個問題大得可以，數學家庫朗 (Richard Courant, 1888-1972) 和羅賓斯 (Herbert Robbins, 1922-2001) 為此寫了一本書，書名就叫《數學是什麼？》 (*What is Mathematics?*)，於 1941 年出版。出書之年，兩位作者都任教於紐約大學。

話說庫朗，他本來是德國哥廷根大學數學系領袖級的人物，因為納粹當權，而在 1933 年出走到紐約大學。在擔任紐大數學系系主任的時候，和同事弗里德里希斯 (Kurt O. Friedrichs, 1901-1982) 及斯托克 (James J. Stoker) 將該系發展成世界最大的應用數學研究中心之一。庫朗一生留下三本經典，分別是與大數學家希爾伯特 (David Hilbert, 1862-1943) 合著的《數學物理方法》(*Mathematical Methods in Physics*, 2 冊，1924、1937）；與約翰 (Fritz John) 合著的《微積分》（2 冊，1965）；與羅賓斯合著的《數學是什麼？》(1941)。《數學是什麼？》這本書共分八章，

依序是：一、自然數（正整數），二、數系，三、幾何作
圖，四、非歐幾何，五、拓撲幾何，六、函數與極限，
七、極大與極小，八、微積分學；這其中任何一章若是
放到大學的數學系，至少是二學分的課程。作者似乎暗
示若要了解數學是什麼，先得了解數學有什麼。本書因
此看來像是一份內部文件，非數學家幾乎無法閱讀。不
過這並非作者的本意，作者本來是想將這八個主題介紹
給一般的讀者，只要讀者能夠困知勉行，在理解這八個
主題的同時，自然能夠與作者一樣對數學有深刻的體會。

體會什麼？其實人人都學過一些數學，不管是解方
程式，或是平面幾何，這些看來並不相干的主題，總有
一些共通之處。因此與其問數學是什麼，不如問數學的
本質是什麼。作者有感於此，在本書開場之際，先約略
的作了一番說明：

數學作為人類心靈的一種表現，反映了人類自
發的意願、深刻的思辨和完美的需求。它的基
本要素是邏輯與直觀、分析與建構、通性與殊
性。(Mathematics as an expression of the human
mind reflects the active will, the contemplative
reason, and the desire for aesthetic perfection. Its
basic elements are logic and intuition, analysis and

construction, generality and individuality.)

　　這一段對構成數學基本要素的談話，必須從歷史動態的角度理解才能精準掌握。

　　先說建構與分析，建構指的是數學理論堆沙成塔的歷程，最好的例子就是幾何學。從歐幾里得幾何、投影幾何到非歐幾何，然後脫離了歐與非歐之辨而進到微分幾何，又從微分幾何之中提煉出拓撲幾何、複數幾何，可說是平地起高樓，每一步都走得艱辛。艱辛之外還要能走得穩健，就必須對歷史發展作出正確的分析。作者所謂的分析與建構，指的正是步步為營，堆沙成塔的歷史教訓。

　　至於殊性與通性的來回辯證，本是任何學問發展所面對的課題，說穿了就是歸納與演繹。從整理特殊的現象出發，歸納出可預見的普遍性，再從普遍性出發，演繹出等待驗證的命題。只不過數學上的驗證不是靠實驗，而是訴諸以三段論為基礎的演繹法。此所以數學有所謂的定理與證明，任何定理的證明都要求邏輯上的絕對嚴謹，不能有絲毫的折扣。例如數學家藍伯特 (Johann Heinrich Lambert, 1728-1777) 在 1761 年證明圓周率是一個不循環的無窮小數，雖然在藍伯特之前對圓周率早已有相當精準的估計，如祖沖之 (429-500) 在公元 5 世

紀取得了 3.1415926，卡西 (Jemshid al-Kashi, 1380-1430)
在公元 15 世紀取得了 3.14159265358979325。這些結果
在在顯示圓周率不像是一個有限或循環的小數，但是必
須要等到藍伯特嚴謹的證明之後，圓周率是非循環的無
窮小數這個命題才算成立。固然在日常或科學的應用上，
圓周率都是以有限小數的形式出現，藍伯特的證明顯然
無關應用。但是這不意謂數學家不關心應用層面的問題。
事實上，純數學與應用數學之間從不存在本質上的矛盾，
充其量只是研究路線的區分，個別工作的內容都具體反
映了自發的意願、深刻的思辨和完美的需求。

　　不過，如果細察其他的學科，不難發現前述這些要
素其實為所有的學科所共有。因此若要談到數學獨有的
特質，應該是指數學在探討真實的時候，只能以演繹法
進行的嚴格約定。除此之外，還有對數學的本質更基本
(radical) 的看法，一如幾何大師陳省身 (1911-2004) 生前
所引羅素 (Bertrand Arthur William Russell,1872-1970) 的
講話：

　　　　數學可被定義為這樣的一個學科：我們既不知
　　　道我們在討論什麼，也不知道我們所說的是否
　　　為真。(Thus Mathematics may be defined as the
　　　subject in which we never know what we are

talking about nor whether what we are saying is true.)（《陳省身──20 世紀的幾何大師》，新竹：交通大學出版社。）

羅素之言，被幾何大師所引，有不知所云的沉重。連續兩個「不知道」所反映的剛好和庫朗等人的著作互補，它所指的是探究數學的方法，而非數學的內容。以《數學是什麼?》一書的第三章〈幾何作圖〉而論，古希臘的幾何學家要求以圓規和無刻度的尺作圖，後人再大張旗鼓討論這種工具的局限性，包括證明不可能三等分一個任意角等等。這一類的內容相信只是歷史的偶然，未必是用來解釋數學是什麼的最佳素材。庫朗等人如果活至今日，再版此書，內容一定大幅修正，至少要仔細談到計算機對數學的影響。

■ 參考資料

吳央格等譯，《數學是什麼?》，徐氏基金會，1976 年。

數學思考與邏輯

經常有人宣稱：「數學可以培養邏輯思考的能力」，這種說法多少凸顯了數學作為一個學科分工的角色。但是由於邏輯思考貫穿人類所有的活動，顯然不專屬數學，即使在一般大眾的休閒活動之中，邏輯思考也處處可見，象棋就是一例。

象棋分紅黑兩方，各有 16 枚棋子。由於棋子中有炮，推斷應起源於宋，比圍棋晚，但是對弈起來，遠比圍棋方便，省空間也省時間，因此大為流行。

象棋的棋子各有各的走法和限制，例如馬走日、象走田、卒子過河不能回頭等等。懂得走法和依法下棋只能算是入門，就好像知道 1 加 1 等於 2，2 加 1 等於 3，但是思考的內涵當不只此，特別是每下一步之前必須考慮所有可能的變化，才能走出最佳的一步。這個最佳化的要求與對手是誰無關，對手不過代表各種變化中的一種，每一步都能符合最佳化的要求，自然無往不利。但

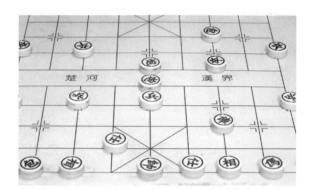

每下一步棋，總要考慮各種可能的變化。但是，
人的思考，真的能夠預先想到所有的變化嗎？
(©ShutterStock)

是要考慮到所有可能的變化又談何容易，比方說這一步
下下去有 3 種變化，再加上下一步有 4 種可能，總共就
是 12 種情形。變上加變，其實是相乘的效果。人腦不是
電腦，誰能思慮得如此周密？

　　棋手當然了解變上加變所產生的複雜，因此多半會
採取一些只從大處思考的策略。有時只須估算眼前最要
緊的幾個變化，有時也會因為自己的偏好而採取不一定
是最佳化的步驟，例如棋手可能以單車換對方雙馬，或
是犧牲一個炮來讓兩個兵過河，這類交換的策略在下棋
中處處可見，可以說並非單靠邏輯清楚就能進行。換句
話說，邏輯不過是進行最佳化思考最底層的基礎，它提
醒我們原則上必須考慮所有可能的變化，雖然在實際運

作的時候並非如此，這一點可以說是實際運作和邏輯思考最大的不同。

　　數學思考必須求全，求全就是涵蓋所有的可能。以三角形三個角加起來等於 180 度這個命題來說，數學面對的是所有可能的三角形——不論大小、尺寸——隨便畫上一個三角形都要滿足三個角加起來是 180 度。以正三角形來說，因為三個角都一樣大，也許以某種方式可以了解它的每個角大小都是 60 度，從而證明三個角的和是 180 度。但是由於正三角形太過特殊，就特殊狀況所得的結論，一般而言，並不適用全體。

　　數學思考的另一個特色就是在概念上要區分什麼是基本的，而什麼是後續發展得到的，用最通俗的話來說就是要區分誰是雞，誰是蛋。比方說，加法的概念顯然比乘法基本，乘法不過是連加法的速算。又如三角形的面積是底乘高的一半，此點顯然來自於長方形的面積是長乘寬，後者遠比前者更為基本。

　　一方面在論證上求全，另一方面在命題上按照雞生蛋、蛋生雞的順序呈現，形成了數學思考的特色。這大概就是一般所謂的邏輯思考應該具備的要件。這種特色，小學學算術時還不明顯，到了國中學平面幾何的時候，一步一步的推理強調的正是如此。

　　其實所有的學科都是一樣，誰不在意思考的全面性

和區分各個命題的基本性?只是在學習分工的執行之下，數學首先承擔了這個任務，所以才說數學的學習有助於邏輯思考。但是並不等於說數學的學習有助於發現新的現象或是新的原理原則。如果不能創新，學習只不過是翻翻舊帳，充其量就像中藥師傅的小抽屜，把每一味藥放到該放的地方，至於到底醫得好醫不好絕症，只能靠運氣。畢竟「藥醫不死病」這句話在邏輯上完全站得住腳：只要不死，藥效總是有的。

如何教重要的數學？

　　美國數學教師會（The National Council of Teachers of Mathematics，簡稱 NCTM）在公元 2000 年出了一本中小學（含幼兒園）數學教育的指引，書名是《學校數學的原則及標準》(Principles and Standards for School Mathematics)。該書所謂的原則指的是數學教育的基本概念，包括公平原則、課程原則、教學原則、學習原則、評量原則及電算器原則六項。標準則是指數學教育的內容，包括數與運算、代數、幾何、測量、數據分析與機率、解題、推理論證、溝通、連結和表徵十項。洋洋灑灑寫了四百頁，談論的議題並不新鮮，比方說公平原則就是不放棄任何一個學生，數與運算就是加減乘除，都是耳熟能詳的常談。倒是該書在序言中對數學教育有兩個提綱挈領的宣示，值得參考。

　　第一個宣示是推崇數學所扮演的角色。NCTM 認為數學好的人會有較佳的競爭力，有鑑於此，NCTM 主張

對每一個學生都要好好照顧，因為「數學能力為大有可為的將來開門。」（"Mathematical competence opens doors to productive futures."）這種說法可能貼近事實，許多人都有類似的感覺。

第二個宣示其實是該書的核心信念，NCTM 認為「所有的學生都應透過理解，學習重要的數學概念和程序。」（"All students should learn important mathematical concepts and processes with understanding."）此處所謂的程序指的是落實概念和實際操作，例如會立下方程式，逐步求解。NCTM 在該書中確實花了很大的篇幅來闡釋這樣或那樣的重要性，以及如何在教學上落實。但是就實際的情形看來，真正要落實這個宣示，關鍵在於提供老師恰當的教材。很顯然，如果沒有恰當的教材，老師無法憑空講解重要的數學概念，這也就是前面談到的課程原則。下面舉兩個例子來說明什麼是恰當的教材，不難發現，只要設計得當，多數的老師應該都可以勝任。

第一個例子是在課堂上討論分期付款。假設買了一輛價值 60 萬的車子，頭期款付了 20 萬，剩下的 40 萬逐月平均，分 24 期償還，請問應該月付多少才算合理？比方說，月付兩萬的話如何？是不是太高？因為如此一來，24 期就要付 48 萬。如果月付一萬八又如何？在進行討論的時候，必然要引入利息和複利的概念，同時也要引

入利潤的概念。車行老闆願意讓消費者先拿車後付款，顯然有許多涉及經營的考量，所以這個問題不純然只是數字上的計算，但是起碼牽涉到處理複利本利和，需要用到的指數概念與等比級數求和。同時，也可以延伸到在郵局參加零存整付的儲蓄計畫，甚至於參加儲蓄保險等等。可以預見，在進行這樣教學的時候，學生不僅僅是學到了程序性的操作，也學到了判斷，當然還包括了討論時所需要的溝通、連結和表徵。

　　第二個例子是在課堂上擺一個常見的足球。這個球的表面有一些黑色的（球面）正五邊形和白色的（球面）正六邊形。討論的終極目標是，如果你是足球的製作者，這些五邊形和六邊形要如何配置？這裡為什麼說終極目標呢？因為這個問題要徹底解決可能已經超出當下高中的課程範圍。但是這個議題仍然有許多階段性的討論可以豐富幾何的學習。比方說足球的造形牽涉到正二十面

一般常見的足球是由正五邊形和正六邊形所組成，數數看，各有幾個？
(©ShutterStock)

體，在歐幾里得 (Euclid, 365? B.C.-275? B.C.) 的《幾何原本》(The Elements) 的最後一章討論到五種正多面體——正四、正六、正八、正十二和正二十，光是說明為什麼只有這五種和這五種是怎麼形成，以及包括點數點、線、面的個數和了解點的位置、線的長度、面的面積，我們很容易發現排列組合也學了，對稱也學了，幾何上應該觀察到和計算到的不變量也學了。

如果說，在拋出一個問題的時候，在討論、判斷和計算的時候，該學的都會學到，並且學得更有動機，更有效率，更有信心——不管是老師和同學，大家的感覺都這麼好，那麼為什麼不以幾個重要的議題來作為教材呢？

記得那個古老的寓言嗎？一群老鼠討論控制貓的辦法，但是沒有一隻老鼠可以去給貓掛上一個鈴鐺。現在，我們要擺出一百個議題讓老師可以在課堂上進行，一面進行，一面讓學生學到重要的數學概念和程序，到底辦得到還是辦不到呢？眼下不是已經擺了兩個——分期付款和足球——如果老鼠有辦法給兩隻貓掛上鈴鐺，那麼，為什麼不能處理剩下的 98 隻呢？

老校長出的算術題

　　有一次到屏東參加討論會，與會者多半是附近幾所小學的老師。有一位將屆退休的校長即席演講，提到兩個算術題目，令我大開眼界。

　　第一個題目比較簡單。校長和夫人出國旅遊，到百貨公司購物。夫人幫校長選了一件襯衫，襯衫標價 2,000 元。付款時，櫃檯表示，須多付百分之五的消費稅，所以收據打出了 2,100 元。此時夫人突然發現這件襯衫是八五折的促銷品，因此以半生不熟的外語向櫃檯表達。櫃檯弄懂了夫人的意思，先表示歉意，然後在 2,100 元之後按下乘以 0.85，收銀機的螢幕當下顯示出 2,100 × 0.85 = 1,785 的式子，櫃檯要求夫人付 1,785 元。夫人於是和校長討論，認為櫃檯應該先以襯衫的定價打八五折，然後再加百分之五的消費稅，因為襯衫實售並非 2,000 元，而是打折後的 1,700 元。校長先是有點困惑，不過他略加心算之後，覺得應該沒有問題。櫃檯因為顧客是外國人，

所以也很有耐心的等候。夫妻兩人討論完畢，大家都很滿意，付了 1,785 元，不但買了一件好襯衫，而且也學了一課好數學。

校長講的內容比我的轉述生動許多，他是一個頭腦清楚而又人情練達的教育工作者，再加上他與小學老師之間的夥伴關係，因此聽眾莫不全神貫注。校長講到一個段落，並不提出答案，而是留下一段約莫 15 秒鐘的空白，然後轉入下一個題目。

這個題目可能並非校長本人所創。校長自述有一次帶屏東縣隊出征參加數學競試，在試前集訓的時候，出給小朋友的練習。題目是這樣的：有 1 個好細菌和一堆壞細菌（比方說有 100 個壞細菌），每一秒鐘好細菌會吃掉 1 個壞細菌。吃了 1 個壞細菌以後，好細菌就會變成兩個。但是同時，剩下的壞細菌也會加倍。如此繼續，以 1 個好細菌面對 100 個壞細菌來說，1 秒鐘以後，好細菌變成兩個，但是同時壞細菌卻變成 198 個──亦即 99 的兩倍。再過一秒鐘，好細菌變成 4 個，壞細菌則變成 196 個的兩倍，亦即 392 個。

校長的問題是，最後好細菌能不能吃光所有的壞細菌；並且如果可以吃光的話，需要幾秒？

細菌問題顯然比襯衫問題要複雜得多，如果不動紙筆，可能無法直接回答。校長解釋完題目之後，突然岔

開算術的話題，談到參加數學競試隊伍的一個小朋友。校長由於長期在地方上耕耘，並且是本鄉出生，所以和地方上的鄉親都很熟，甚至有父子都被校長教過的情形，這個故事中的小朋友正是如此。校長談到這個小朋友如何解題。

　　小朋友先嘗試壞細菌只有 5 個的情形，1 秒鐘以後，好細菌是兩個，壞細菌是 8 個；再過一秒鐘，好細菌是 4 個，壞細菌是 12 個；再過一秒鐘，好細菌是 8 個，壞細菌是 16 個……，接著小朋友再嘗試壞細菌是 6 個的情形，小朋友列了一個簡單的表，像流水帳一樣的記錄每一秒鐘好壞細菌的數目。

　　校長講到這裡，停頓了一下，緩緩轉向主持人，說：對不起，耽誤大家不少寶貴的時間。然後向聽眾鞠躬，謝謝大家，走下講臺回到座位。過了一會兒，全場自動回以熱烈的掌聲，掌聲稍歇，主持人邀我說幾句話。由於校長較年長，我本來不應該講話，可能因為遠來是客，所以主持人硬把麥克風塞到我的手上。

　　我先說一個聽來的故事。已故的師大教授梁實秋 (1903-1987) 老家在北京開過館子，所以梁實秋愛吃，也懂得吃。據說他每一次招待好友上館子，四、五個人坐一小桌，都是梁實秋點菜。點完菜之後，菜單到了廚房，大廚一看，立刻端正儀容，問清楚客人是第幾桌後，走

來桌前答禮。見到梁實秋，總是先說這麼一句話：「先生，您這是考我的手藝。」

我轉向校長。校長，今天您是梁教授，我是大廚，既然校長賞光，我也說一個經驗。有一次我和兩位小學老師在小學對面的館子吃中飯，吃完以後，我去付帳，老師們告訴我，老闆給這間小學的老師打九折。我把菜單拿給老闆，老闆看了一下，說 190。我於是告訴他，我們是對面小學的老師。老闆立刻回我，拿 170。付了錢回到座位，我把經過告訴兩位老師。兩位老師立刻開始心算，大概是用 190 乘以 0.9。奇怪，老闆怎麼算得這麼快？我告訴老師，老闆不是這麼算的，兩位老師才恍然大悟，決定回到學校要用這個題材教小朋友什麼是概算。

後來，我有一些機會和小學老師們一起討論出題。經驗告訴我們，好的題目總是具備幾個特點，首先是工具用得少，其次是判斷要用得多，再來是題目要親切，最後是解法要自然。

相信校長一定同意我們的看法。

以簡馭繁

數學解題，講究的是以簡馭繁，亦即以簡潔扼要的概念和方法來解決繁雜的問題，先看兩個以簡馭繁的例子。

大數學家高斯 (Carl Friedrich Gauss, 1777-1855) 在 10 歲的某一天，老師問他 1 加到 100 是多少，高斯很快就求出正確的答案。老師看到他的答案，竟然愣住，說不出話來。原來高斯在列出 $1 + 2 + 3 + ... + 98 + 99 + 100$ 之後，看出首項和末項之和是 101，第二項和倒數第二項之和也是 101，因此這 100 個數可以分成 50 對；$1 + 100 = 101, 2 + 99 = 101, 3 + 98 = 101...$，高斯於是利用

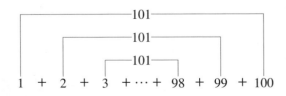

101×50 而得到答案 5,050。

用乘法處理加的問題是天經地義，問題是如何看出 1 加到 100 可以用乘法處理，這就涉及對問題的觀察與判斷。再看一個時鐘問題，3 點到 4 點之間，長針和短針何時重合？

這個問題可以想成是長針追短針，什麼時候追上？由於 3 點整的時候，短針剛好在長針之前 15 格，再加上長針每走一格，短針只走十二分之一格，所以每一分鐘長針可以追上十二分之十一格。答案因此就是 15 除以 11／12，亦即在 3 點 16 又 4／11 分的時候，長短針重合，至於要隔多久長短針才會再度重合？這個問題等於是長針要額外再追上 60 格，答案是 60 除以 11／12，亦即 65 又 5／11 分鐘。上面的討論顯示當我們能夠把時鐘問題類化成追趕問題的時候，能解決的工具變成了基本的除法，如 10 歲高斯所處理的情形，必須先對問題有精準的判斷。

時鐘問題在歷史上最有名的應用就是刻卜勒 (Johannes Kepler, 1571-1630) 計算火星繞日的週期。刻卜勒先已觀察到太陽、地球和火星連續兩次三連星相隔 780 天。如果把地球想成長針，火星想成短針，時鐘問題本來是要問地球再度追上火星需時多少？刻卜勒面對的剛好是一個反過來的時鐘問題，亦即知道地球再度追

上火星需時 780 天，地球繞日需時 365 天，請問火星繞日需時幾天？刻卜勒用簡單的算術算出火星繞日一圈需時 686 天，接下來刻卜勒持續的觀察火星、地球和太陽的相對位置，他的辦法是記錄每 686 天火星的兩個方位，由於每隔 686 天，火星會回到同一點，但是地球並不，因此從地球看火星會得到兩個方向，這兩個方向的交會點就是火星的位置，刻卜勒經過長期的觀測，畫出數百個火星的位置，從而發現了火星繞日的軌道是橢圓。

　　想像身處地球，居然能夠理解火星繞日的軌道，這是多麼偉大的成就，最重要的是刻卜勒的想法簡潔而又有效。的確如此，許多看似繁複的問題，一旦能夠抓到問題的本質，答案就會自然展現，下面再舉兩個簡單的例子來說明這個道理。

　　假設有 8 支棒球隊參加單淘汰賽，任何一隊只要輸一場就淘汰出局，請問主辦單位要辦幾場比賽？主辦單位當然可以在紙上慢慢排比賽的場次，諸如甲乙兩隊先比，甲乙組的勝隊和丙丁組的勝隊再比等等。但是如果我們了解每一場比賽都會產生一支敗隊，而每一支敗隊也一定發生在某一場比賽之中，答案就很明顯——需要辦 7 場比賽（因為必須有 7 場比賽才能淘汰 7 支隊伍）。這樣的思考不但簡潔有效，並且一併回答了即使有一百隊參賽的情形（需要辦 99 場比賽），同時也回答了另一

種比賽制度，雙敗淘汰制下的比賽場次。在常見的雙敗淘汰制中，由於每隊都要敗上兩場才會被淘汰，以 8 隊參賽的情形來說，其中有 7 隊會敗上兩場，因此至少需要辦上 14 場，至於第 8 隊（冠軍隊），或者不敗，或者敗 1 場，所以主辦單位可能還要辦第 15 場，但是絕對不必辦到 16 場。

　　有人或許會質疑，並不是所有的問題都可以這樣輕易的解決，事實上，以簡馭繁中的簡與繁是相對的概念，如果面對的問題先天就難，光用加減乘除當然無法解決。此所以牛頓 (Isaac Newton, 1642-1727) 發明微積分之後，才能求曲形的面積和曲體的體積。但是，就給定的問題而言，解題的方法還是有優劣之分，最主要的是能不能看清楚問題的本質，如果可以，解決的方法一定自然，解決的思維一定簡潔。一言以蔽之，數學要教的就是觀察問題，判斷問題，提出策略和解決問題，正如 10 歲高斯庖丁解牛，一舉證明了 $1 + 2 + \ldots + n = n\,(n+1)\,/\,2$ 這個漂亮的結果。

小時了了，大未必佳？

美國人瑪麗蓮·薩凡特 (Marilyn vos Savant, 1946-)
是標準的小時了了。她在 10 歲的時候參加史比智力測驗
(Stanford-Binet Test)，智商高達 228 分，公認是「全世界
最聰明的人」。

瑪麗蓮在 10 歲一舉成名之後，她的父母親始終低
調，想盡辦法遠離公眾，讓瑪麗蓮有一個正常的童年；
她的成長過程算是平順，超高的智商也似乎沒有發揮什
麼作用。但是誰也沒有想到後來在 1990 年瑪麗蓮發表的
一篇專欄，有似大器晚成，竟然幫她贏得一個前所未有
的學術地位。

當時在美國 NBC 電視臺有一個由蒙提·霍爾
(Monty Hall) 主持的節目叫做「一起做個買賣」(Let's Make
a Deal)。在節目中，主持人讓來賓上臺摸獎，獎品是一
輛汽車。臺上有三扇門，汽車藏在其中一扇門後。來賓
隨便選一扇門，選好之後，主持人暫不開門。由於三扇

門中，只有一扇門的後面有汽車，其餘兩扇都是空門，所以主持人就在來賓沒有選到的兩扇門中，選一扇空門打開。比方說，來賓選 1 號門，汽車也許在 1 號門之後，也許在 2 號或 3 號門之後；不管汽車在哪裡，主持人總是可以在 2 號門和 3 號門中選一個空門打開。打開之後，主持人就問來賓：「您要改變您的選擇嗎?」來賓可以堅持原來的選擇，也可以改選另一扇門。以剛才的情形說明，來賓先選了 1 號門，1 號門暫不打開；接著主持人打開了 3 號門（3 號門是一個空門），此時，來賓有一個機會改選 2 號門。問題是選或不選到底有什麼差別?

　　一般人的想法大抵是，既然主持人打開的 3 號門是空門，那麼汽車不是在 1 號門之後就是在 2 號門之後，選項變成了二選一，換不換無差，不都是二分之一的機會嗎? 所以很多來賓都堅持原來的選擇——打死不換。但是瑪麗蓮卻有另類的想法，她說，一定要換。因為她說，換的話猜中汽車的機率是三分之二，堅持不換的話，猜中汽車的機率只有三分之一。事發的時候，瑪麗蓮正在 *Parade* 雜誌主持一個專欄，專欄取名 'Ask Marilyn'，意思是「有問必答」，剛好有一位讀者提出了這個在三扇門前猜汽車的機率問題。瑪麗蓮的回答引起了軒然大波。

　　瑪麗蓮的想法很直接，她認為原來汽車出現在 1 號門後的機率是三分之一，出現在 2 號和 3 號門後的機率

是三分之二。當主持人打開 3 號門的時候，這三分之二的機率就自然而然集中到 2 號門，因此來賓非換不可。如果不換，那表示來賓猜中的機率仍然是開始的三分之一。

可以想見，許多人反對瑪麗蓮的看法。不過，最有趣的是反對人士當中不乏精通數學之士，包括大學的數學教授。例如有一位署名佛羅里達州立大學博士的意見是這樣的：「妳在鬼扯！妳根本不了解這個問題的本質，數學白癡已經遍地都是，難道還要再加上一個全世界的智商冠軍嗎？」另一位署名喬治城大學博士的意見是：「妳到底要搞毛多少數學家，才會改變妳的看法？」

瑪麗蓮在這段日子裡少說收到一萬封以上的信，大部分都不同意她的看法，不同意之外，還加上尖酸刻薄、諷刺挖苦。不過，不要小看瑪麗蓮，她的看法雖然不十分嚴謹，但是卻完全符合數學家處理問題的方式。她舉了一個相當具啟發性的例子：如果問題是在一百萬扇門之後，猜中一輛汽車；現在來賓選了 1 號門，主持人必須在剩下的 999,999 扇門中打開 999,998 扇空門。當主持人一扇一扇打開了 999,998 扇空門之後，任何人都會改變原來的選擇。因為開始的時候只有百萬分之一的機會猜中，「換」絕對是正確的選項，雖然蒙提・霍爾的節目只有 3 扇門，道理其實是一樣的。

　　不可否認，在現場一定有不少本來猜對，卻因為堅持換到另一扇門而損失了一輛汽車的來賓。這就好像明明知道某一個銅板出現正面的機率比較大，並無法保證押正面就一定賭贏。機率畢竟是理想化了的狀況，在還沒有攤牌之前，所有的可能都是可能。對賭客而言，機率並不那麼重要。因為賭博靠的是運氣，不全是機率。瑪麗蓮雖然不是賭徒，她在猜汽車問題上的論述充分說明了她在數學上看法的卓越，完全對得起童年時高達 228 分的智商。

　　誰說小時了了，大未必佳？

九毛九的數學

　　教育的內容應來自生活，數學教育自不例外。只是生活上常見的數學議題深淺不一，一個議題究竟應該在什麼時機，以什麼方式進入教材，教育界的看法也未必一致，複利就是一個最好的例子。

　　複利的概念並不困難。借錢要付利息，利息未付轉而累積到本金，變成了本金的一部分，自然隨同原來的本金再生新的利息。假設本金是 100 元，每期利息是 10 元，第一期終了本利和是 110 元。到了第二期終了，因為是以 110 元作為新的本金，本利和就變成了 121 元。這兩期產生的利息總共是 21 元，其中包括第一期的利息 10 元和第二期的利息 11 元。第二期的利息比第一期的利息多了 1 元，這 1 元是由第一期的 10 元利息再生出來的利息。此所謂本生利，利滾利，利能滾利，就是複利。計算的時候要以 1.1 自乘，1.1 倍指的是一期下來的本利和，兩期之後就是 1.1 的平方，是 1.21，三期之後是 1.1

自乘三次,答案是 1.331。如此繼續,困難度在於以 1.1 自乘下去,如何掌握一般的結果。例如 20 期以後,本利和究竟是原始本金的多少倍?

有人認為,現在計算工具如此方便,取 1.1 在掌上型計算器上,連續自乘 20 次,有何困難?這種小型計算器據說在美國一般小店零售只需美金九毛九,因此上述複利的計算——亦即自乘再自乘——被貶稱為「九毛九的數學」。

不過,就複利在生活中出現的全貌來看,自乘只是計算的初步。現代生活中一個常見的商業行為是分期付款,以買車為例,車價 60 萬,付了頭期款 20 萬把車開回來,買主欠了車行 40 萬,準備以月付若干的方式,在兩年中付清。兩年就是 24 期,每個月應該付給車行多少錢才算合理?

就算把這個問題看成是一個月利率固定的複利借款關係,仍然有相當的困難度,原因是本金並非固定。第一個月底如果還了兩萬,那麼從第二個月開始,買主只欠車行 38 萬,再加上第一個月因為 40 萬所生的利息,如此以降,本金陸續減少,但是又有若干利息新增。在這樣一個互有增減的過程中,如何求得一個固定而合理的數目——究竟每個月平均要付給車行多少錢?兩萬顯然太多,1 萬 7 如何? 1 萬 8 呢?

　　與分期付款平行的另一個概念是零存整付，月存若
干，到期取回一筆「鉅款」。客戶每存一期，該期存款就
以複利計息直到取回的那一天，只是每期存款存的期數
都不相同，如何計算這些分進合擊的本利和一定難倒許
多客戶。但是不計算，又如何知道這些零存整付的案子
是否合理？

　　再以信用卡繳付的循環利息來說，基本上這是一個
年息百分之二十以日計息的月複利。所謂以日計息，指
的是以欠款的百分之二十除以 365 天作為每天的利息，
累計一個月後，到了下個月就併入可以生息的欠款部分。
因此循環利息之可怕，一方面在於它是年息百分之二十
的高利貸，另一方面因為是月月生息的複利。

　　看來這些錢莊多半都是吃人不吐骨頭，用盡方法讓
借貸的客戶不能翻身。其實並非如此，它們對待存戶也
盡心盡力，只不過大部分的存戶不通數學，得到好處也
渾然不知。以存款來說，金融機構付出的利息都是以日
計複利。比方說，年息百分之二的存款，金融機構大概
會付息百分之二點零二，這個多出來的點零二就是將百
分之二除以 365 再以日計複利多出來的部分。對存戶來
說，錢交到別人手上，當然希望日日生利，不，不只是
日日，最好分分秒秒都能生利，再以複利計之。這個想
法，古已有之，因而有一個以大數學家 Euler（尤拉，

Leonhard Euler, 1707-1783）姓氏命名的數字 e，它的近似值是 2.7，意思是說如果存入 1 元，約定年息百分之百，若以單利計，一期的本利和是 2 元，但是如果以分分秒秒計之，年底可收回 2.7 元，這多出來的「點七」，不算少數，全拜複利所賜。

　　從單利所生兩倍的本利和，可以因為分分秒秒的複利計息而變成 2.7 倍的本利和，其實是一個求極限近似值的問題，有相當的困難度，一般中學生可能無法理解。這部分的教材目前放在大一所修的微積分中。

　　誰說複利只是九毛九的數學？

足球與幾何

　　歐幾里得的《幾何原本》共十三卷，第十三卷討論正多邊形和正多面體，本卷的命題十八總結了五種正多面體的作圖和基本性質。值得注意的是，全書在交代了這件事之後就結束了。

　　一般學習幾何，從平面入手，到了立體幾何難度突然提升，主要的原因是人雖活在立體的世界，但是在紙上只能畫出平面圖形。人之了解立體，多半還是從立體周邊的平面面相進行，無法一目了然。

　　就以五種正多面體來說，正六面體比較親切，因為骰子和紙箱都是這種形狀。正四面體也還好，由 4 個正三角形搭成，有點像一個底面是正三角形的金字塔（實際上的金字塔底面是四方形，邊上由 4 個正三角形搭成）。至於正八面體、正十二面體和正二十面體，生活中很難見到。尤其是正二十面體，由 20 個正三角形搭成，如果沒有實體，殊難想像一個規規矩矩的骰子，有 20 個

面，可以擲出 1 到 20 的點數。

最先將二十面體的概念應用到生活中的，可能是美國建築家富勒 (Richard Buckminster Fuller, 1895-1983)。他根據幾何學和力學發展出一種圓頂的建築，其中最有名的應屬 1967 年加拿大世博會中的美國館。富勒的信條是以最小的結構連綴而創造出最大的強度。他的想法，出人意料的，居然演變成現代製造足球的最佳方式。

早先的足球用真皮縫製。自從人造材料日益精緻以後，足球就成為目前看到的樣式，由 12 塊五邊形和 20 塊六邊形的人造皮連綴而成。在一場長達 90 分鐘的比賽中，足球是所有球類中挨揍最慘的（球員不停的用釘鞋踢它），材質欠佳的球難保在比賽結束之前就已經變形。但是反過來說，球也不能太硬，因為球員經常用頭頂球。再說，足球在所有球類中飛行的距離僅次於棒球，設計時也必須考慮如何讓球員的腳力和踢點能控制球的飛行。最後，也是最要緊的，它必須是一個圓滾滾的球，不能有一點折扣，否則球員根本無法盤球前進。足球運動的這些特點究竟是如何催化了現代製造足球的想法？

從富勒的信條出發，足球的成形顯然應該以小塊的皮連綴成一個結構緊密的球。每一塊皮，就像富勒圓頂建築的一片瓦或鋼架，彼此之間根據力學的原理搭配以發揮最大的強度。但是每一塊皮又要足夠的柔軟，以防

球員頭錘時受傷。根據球的對稱性，正二十面體應該是最佳的選擇，因為它擁有最多的面數。當每一個面代以一塊有彈性的皮，在打氣之後，應該可以鼓成一個球。以感覺上比較親切的正六面體來打個比方，假想足球是由上、下、左、右、前、後6塊皮縫綴而成，打氣的時候，6塊皮都向外凸出，可以切近一個球體，如果面數夠多（例如二十）效果當然就更好。但是問題來了，正六面體有8個頂點，每一個頂點是3塊皮匯集之處，這個位置相較於其他的部分，確實太過尖銳，肯定會妨礙球的成形。解決之道是先把頂點削掉換上另外一塊皮，以正六面體來說，把8個頂點都削平而換成8塊皮，整個球就變成由14塊皮連成（6加8等於14）。這個削平頂點的手續其實就是把正多面體的頂點，也就是最尖的部分磨圓的過程。

　　回到二十面體，二十面體有12個頂點，巧的是，在每一個頂點都有5個三角形搭在一起,如果把12個頂點削平，就會額外得到12個正五邊形。至於原來的20個三角形，由於在各個頂點都削去了一塊，20個三角形結果變成了20個正六邊形。現代足球就是由這一系列的五邊形和六邊形的人造皮縫綴而成，每一個五邊形要連上5個六邊形，而每一個六邊形則需連上3個五邊形和3個六邊形，渾然天成。

　　1970 年，愛迪達公司所開發的現代足球，首度在墨西哥世界盃亮相，足球表面的 12 個五邊形漆成黑色，散布在 20 個白色的六邊形之中，十分耀眼。這一次世界盃也是第一次對全球作電視實況轉播，在當時大部分的國家都只有黑白電視的情況下，這種黑白相間的設計可以讓電視機前的球迷看得更加清楚。

每四年一次的世界盃足球賽，牽動著全球無數球迷的心情，大家都緊盯著球場上的那一顆「足球」。說到「足球」，非得從歐幾里得說起，為什麼？
(©ShutterStock)

　　從此，各家公司相繼推出各自的品牌，在材質和縫綴上持續改進，但是幾何的布局則一直都是 12 個五邊形搭配 20 個六邊形，可說是增一分則太長，減一分則太短。至於顏色，多半看到的仍然是五邊形漆黑，六邊形漆白。

最有趣的是 1998 年法國世界盃的用球,居然漆上了紅藍白三色, 代表法國, 也代表自由平等博愛的普世價值。

　　足球是擁有最多運動人口的球類活動, 規則簡單, 場地、人數都極有彈性, 難怪可以超越貧富和階級成為全世界最普及的運動。每四年一次的世界盃吸引了十億以上的球迷在電視機前觀賞。當現代設計的足球出現在電視螢幕上時, 可說是歐幾里得幾何的一大勝利, 是王者的幾何走入平民世界的第一次, 值得紀念。

附　記

　　本文中所談到的足球設計——利用 20 塊六邊形和 12 塊五邊形的皮交織而成, 從 1970 年開始, 到 2002 年, 一共在世足賽中使用了九屆。到了 2006 年世足賽, 愛迪達公司又提出一種新款的設計, 想法仍然來自幾何模型, 但是, 以八面體取代原來的二十面體。

　　八面體的模型像是一顆鑽石, 由 8 個三角形的面構成, 這 8 個面又交會出 6 個頂點。現在, 把這 6 個頂點削平, 削平之後, 另外得到 6 個面, 和原來的 8 個面加在一起, 總共是 14 個面。而每一個頂點又是 4 個三角形交會之處, 因此在削平的同時, 每一個頂點被 4 個新的頂點取代, 所以總共有 24 個頂點。

　　愛迪達公司新穎的拼塊設計，再配合該公司獨有的無縫壓合技術，使得足球球面拼塊有了革命性的突破，從原本 32 塊表皮減為 14 塊，這其中，現代科技扮演了極為關鍵的角色。有朝一日，說不定我們會看到以一塊完整的球皮設計的足球，無分割，無縫合，一體成型，完整的球體。

乘 3 加 1

　　歷史上有一些重要的數學問題由於陳述簡單，頗能
吸引大眾參與。比方說三等分任意角的問題雖然早就證
明無法以尺規作圖完成，仍然有許多業餘者投入心力，
想要找出可行的方案。又比方說由數學家費馬 (Pierre de
Fermat, 1601-1665) 提出，斷言方程式 $x^n + y^n = z^n$ 對任何
$n > 2$，在自然數中都無法求解的費馬最後問題 (Fermat's
Last Theorem)，歷經三百多年的集體努力，終於在上個
世紀末全面解決；但是由於解決的方案過於艱深，不要
說一般大眾，就連大部分的數學家也無法理解，因此想
要用簡單易懂的方式重新解決費馬最後問題的仍然大有
人在，只是看來可行性甚低。原因是問題的陳述雖然簡
單，並不代表問題的解決也會相應的簡單。至今尚未解
決的乘 3 加 1 (3n + 1) 問題就是一個最好的例子。

　　乘 3 加 1 的問題是這麼說的：隨便選一個正整數開
始，如果選的是偶（雙）數，就除以 2，除以 2 之後，

如果還得到偶數，就再除以 2，如此繼續，直到得到一個奇（單）數；奇數不能再除以 2 了，把它乘 3 加 1，奇數乘 3 加 1 以後會得到一個偶數，因此又可除以 2，如此繼續，最後一定會得到 4，再得到 2，再得到 1（4 除以 2 是 2，2 除以 2 是 1）。

舉個例子來看：如果開始是 6，6 除以 2 得 3，3 不能除以 2，把 3 乘 3 加 1 得到 10，10 除以 2 得 5，5 不能除以 2，把 5 乘 3 加 1 得到 16，16 除以 2 得 8，8 除以 2 得 4，4 除以 2 得 2，2 除以 2 得 1。把從 6 開始陸續得到的這一串數字記錄下來，是 6, 3, 10, 5, 16, 8, 4, 2, 1。如果開始是 7，相關的串列是 7, 22, 11, 34, 17, 52, 26, 13, 40, 20, 10, 5, 16, 8, 4, 2, 1，最後也會回到 1。乘 3 加 1 的問題要求找出一個證明來確認從任何數出發最後都會回到 1。

許多人看到這個問題的時候，總是懷疑真是如此嗎？一旦取幾個數試試之後，不由得不相信最後總是回到 1。事實上，由於這是個純作計算就能實驗的問題，所以很多超大的數都已經用電腦跑過，可以說百試不爽，最後都回到 1。

在實作的時候，由於經常要乘 3 加 1，乘 3 加 1 之後馬上又可以除以 2，所以這串數字忽大忽小，看起來全無規律可言，只不過最後總是會穩定下來，例如出現

5，接著是 16，然後就一路降下，以 1 結束。

　　實作幾個數之後，人們多半傾向相信從任何數出發，終歸會回到 1。如果再聽說電腦已經跑了上千萬次，結果都是如此，可能會認為乘 3 加 1 這個問題已經解決，證明不過是多此一舉。更何況，這個問題或是這個現象一點應用價值也沒有，證明或不證明，與國計民生何干？

　　任何一個社群都有他們自己關心的問題，即便是數學界也可能分成許許多多的小社群，各有各的問題需要解決。乘 3 加 1 也未必是一個數學界普遍關心的問題，只不過它很特殊，乘 3 加 1 再除以 2 的程序一聽就懂，最後會回到 1 更令人意外，因此才吸引了不少有志之士，想要對這個問題提出證明。所謂證明，並非什麼神聖的舉動，只是要對這個永遠回歸到 1 的現象提出解釋，或者分辨這個現象到底是偶然還是必然。不要忘了，無論電腦已經跑了多少次，畢竟永遠還有更大的數在後面等著驗證，此所謂「電腦有涯而數也無涯」，不證明的話，永遠不能確認這個神祕的規律。

　　最先提出乘 3 加 1 這個現象的可能是德籍數學家柯拉茲 (Lothar Collatz, 1910-1990)，他在 1950 年舉行的國際數學會議上宣揚這個問題。柯氏可能在年輕的時候發現乘 3 加 1 這個回歸到 1 的現象。但是從未公布他自己的研究成果。1996 年，英國數學家史維特 (Bryan

Thwaites) 懸賞一千英鎊來解決這個問題——提出證明或是發現反例。史維特的懸賞登在 *Mathematical Gazette* 期刊 (1996)，文章只有兩頁。史維特似乎暗示他在 1951 年就知道這個問題，他形容這個問題是一個「…… 10 歲的小孩就能理解處理的問題……」("...easily understood and handled by the average of ten-year-old...")。

五十年過去了，除了在電腦上對這個問題的驗證強化了對這個問題的信心，主流數學界並沒有太投入到這個問題。最主要的原因有二，第一，這個問題自成一格，與其他的問題無關，它的解決與否似乎對整個數學的發展——無論是思想或方法——目前還看不出有什麼關係。第二，這個問題目前並沒有一個有系統的攻堅策略。大數學家艾狄胥 (Paul Erdos, 1913-1997) 說得好：「(現階段的) 數學還不能處理這樣的問題。」("Mathematics is not yet for such problems.")

看來，我們對乘 3 加 1 的問題的理解可能還處在霧裡看花的階段，有待進一步的釐清。

■ 參考資料

Amir D. Aczel 著，林瑞雲譯，《費馬最後定理》，臺北：時報文化出版社，1998 年。

一筆畫

　　幾乎每個人都有「一筆畫」的經驗。比方說，三角形可以一筆畫（圖(A)），正方形也可以一筆畫（圖(B)）。但是，如果在正方形的上方利用正方形的一邊架一個三角形，得到一個包括 6 個邊，5 個點的圖形，這樣的圖形可以一筆畫嗎？當然沒問題，只不過出發點和終點都有限制（圖(C)）；這個道理是大數學家尤拉首先發現。他在 1736 年發表一篇名為〈有關位置幾何問題的解答〉的文

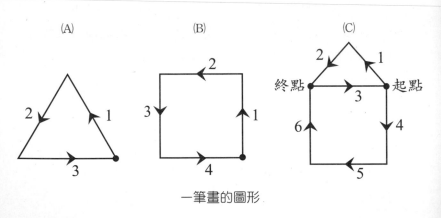

一筆畫的圖形

章。尤拉在這篇文章中闡明了圖形是否可以一筆畫的判準，開創了數學一個重要的領域——圖理論 (graph theory)。

尤拉的想法很簡單，一個不管多麼複雜的圖形，如果要一筆畫出，除了頭尾兩個點之外，其他的點都是中間點；為了方便說明，想像有一些城市，城市之間有道路連結，現在，從甲城出發，到乙城住店，要求每一條路都剛好走過一次。甲、乙兩城之間有許多城市，但是作為一個中間的過客，有路進城，就要有路出城，因此，從這些中間的城市發出的道路數目一定是偶數。至於甲城和乙城，道路從甲城出發，途中也許會回到甲城，如果回來，必須再度出發。因此，從甲城發出的道路數目一定是奇數。乙城的情形和甲城類似，它是一條路的終點，但是在結束之前，也有可能從另一條路進城，離去，然後再度進城，所以從乙城發出的道路數目也必須是奇數。根據每一個城市所發出道路數目的奇或偶，將這些城市分成奇城和偶城兩類；尤拉的了解是，如果沒有奇城，亦即每一個城市發出的道路數目都是偶數，則從任何一個城市出發，都可以一筆走完，並且走完的時候一定會回到原來的出發點。另一種可能是只有兩個奇城，那麼從任何一個奇城出發，也能一筆走完，走完時會到達另一個奇城。尤拉的理論說明了一筆畫只能是這兩種

情形中的一種——要嘛，沒有奇城，要嘛，奇城剛好有兩個，其他的情形，都不能一筆畫，為何如此？

假設觀光客僱了一輛計程車，告訴司機，從甲城出發到乙城住店，中間這些道路每一條都走一次，並且只能走一次，請問司機大哥要怎麼開才好？司機拿了地圖開始作業，把中間每一個城按照發出道路的數目每兩條組成一組。如果丙城有 4 條道路經過，就把這四條分成兩組，比方說，把丙城分成丙鄉和丙鎮，各通過兩條道路。又例如丁城有 6 條道路經過，就把這六條道路分成三組，也就是說把丁城分成丁鄉、丁鎮和丁區，各通過兩條道路。如此一來，地圖上的城市增加了，但是每一個新城只發出兩條道路，一進一出，所以開車的時候簡單多了，開進任何一城只有一條路可以出城。不過，整條道路可能形成許多環路，互不連接。例如，丙鄉和丙鎮可能分屬兩個環路，因此司機大哥的路線圖就要設計成開到丙鄉的時候，先連結丙鎮，把丙鎮所屬的環路繞一圈之後，回到丙鄉，再繼續前進。可以說，司機的路線基本上是沿著一條幹道開向乙城，只不過碰到相連的環路的時候，就要暫時離開幹道，先到環路的觀光果園繞上一圈，然後再重回幹道。司機把每一個城市分解，因而產生許多觀光環路，反而方便設計一條從甲城走向乙城的一筆畫。

　　當然，司機也許乾脆訴諸電腦，讓電腦代司機排出一條路線。電腦最擅長的就是窮舉，也就是說把所有的走法都跑一遍，看看哪一種走法符合一筆畫的要求。這樣的作法可能比前一種細部規劃要來得更有效率，因為窮舉對人而言是無聊而且緩慢的處理方式，但是對電腦而言反而快速並且準確。在尤拉（1736 年）的時代，沒有電腦，可是尤拉已經提到了窮舉法，他對窮舉法的評論是：雖然這種方法可行，但是在找到正確的路線之前，不得不考慮許多無關的路線，因此不願意採取這種窮舉的策略。

　　也許是因為拒絕了窮舉法，尤拉終於能夠發現一筆畫的可行判準，為圖理論打下第一片江山。

電腦解數獨

　　《中國時報》在 2005 年 5 月引進了一個填數字的解題遊戲，叫做「數獨」。數獨是這個遊戲的日文名字，英譯 "Sudoku"，中文的名字叫「九宮格」。

　　話說出題者在 9 乘 9 共 81 個格子裡先填好一些從 1 到 9 的數字，通常總要填滿四、五十格，留下 40 來格讓解題者填入 1 到 9 的數字。填的規則有三：

　　第一，每一行 9 個格子，必須 9 個數字都要出現；

　　第二，每一列 9 個格子，也必須 9 個數字都要出現；

　　第三，這 81 個格子從左上到右下每 3 行每 3 列又形成一個宮，每個宮也包含 9 個格子。比方說：1、2、3 列和 1、2、3 行交出一個 3 乘 3 的宮，1、2、3 列和 4、5、6 行，和 7、8、9 行也各交出一個宮。這些宮依其相關位置，分別是東、南、西、北、中和東北、東南、西北、西南九宮，規則要求在每一個宮內的 9 個格子，也必須 9 個數字都要出現。

數獨遊戲
(©Dreamstime)

　　解題者拿到題目之後，通常先找出某些比較容易決定數字的格子。例如，如果有一行，出題者已經填好 8 個數字，在剩下的一格裡由於 1 到 9,9 個數字都要出現，因此可以說只有一種選擇。

　　不難看出，基本的策略就是要先填好那些非如此填不可的數字，然後再進入下一個階段。此時，通常在某一行裡，至少有兩個空格待填。比方說，1 和 9，但是無法確定誰填 1，誰填 9，因此兩個可能都要考慮。先試填一種情形，然後再看下一步，此時可能又有 3 種情形等等；因此再試一種，一路試下去，到了某一步，可能發生了一個矛盾，也就是說再怎麼填都違反規則，發生了數字重複的現象。這表示剛才嘗試的步驟之中，有一步是錯的，這時只好回頭，重起爐灶，再走一次，看看能不能有進展。通常總要花上半個小時才能解出一個中等

難度的題目。解題的要領就是觀察判斷、嘗試錯誤和記錄下錯誤，以及不再重複錯誤等等。

可以想像，這樣的工作電腦最是適合，特別是在某一步有多重選擇的時候。數學系一位同事寫了一個簡單的程式，在他的個人電腦上實驗，結果，只要一秒鐘，就可以完成解題，比人快了幾千倍。為何如此？要知道這個遊戲與數學程度無關，本質上是一個窮舉的問題，就好像開車到火車站，從火車站發出的路有 8 條，這 8 條到達每一個路口又各有數條，如此形成一個網狀圖。現在人腦和電腦的區別，就在於人腦多少會選擇性的走網狀圖。但是電腦可以不做選擇，直接嘗試每一條可能的路。關鍵是電腦嘗試的速度快，記錄詳實，看來笨拙，但是毫無閃失。只要一點時間，電腦大致可以窮舉完畢，難怪數學系同事所寫的程式可以在幾秒鐘之內，回答任何一題數獨。

現在問題來了，當廣大的數獨遊戲愛好者知道自己花了半小時解題，電腦只須一秒就解出的時候，他們還願意試下去嗎？雖然報紙隔天就公布答案，但是可能，並且極有可能，每天早上 8 點就有人在個人網站上公布當天電腦算出的結果。在這樣的情形下，數獨的愛好者受得了嗎？

也許，有人會說，這沒什麼，就好像做數學習題，

明明參考書上有解答，我就是不看，自己解出來之後再和參考書對照。這話說得不錯，很有志氣。但是數獨的電腦處理並不是這麼回事，它不只是提供解答，它還告訴你，這是一個白癡題目，只是看你願不願意用窮舉法嘗試所有的可能。就好像解方程式，從 1 開始代下去，1 不對，就代 2，2 不對，就代 3，你願意這樣代下去嗎？還是說，算了吧，讓電腦去面對白癡，而讓自己去面對電腦，畢竟，真正的對手是電腦，而不是數獨。

■ 參考資料

〈如何解數獨〉，《數學傳播》，第 30 卷第 1 期，pp. 49-60，2006 年 3 月。

網址：http://www.math.sinica.edu.tw/

畢氏、商高和勾股弦定理

　　勾股弦定理中的勾股弦三字指的是直角三角形的三個邊。較短的兩個邊分別是勾和股，最長的邊是弦。勾股弦定理是說：勾的平方加上股的平方等於弦的平方。這個定理在西方稱為「畢氏定理」，畢氏指的是畢達哥拉斯 (Pythagoras, 569 B.C.-475 B.C.)，是公元前 500 年左右古希臘的數學家。在中國，由於這定理首先出現在《周髀算經》卷上之一周公與大夫商高的對話，所以也稱為「商高定理」。

　　《周髀算經》大約成書於公元前 1 世紀，是一部總結前人數學、天文和曆法經驗的著作。流傳至今的版本是東漢趙爽（約 220 年）所注。本文大部分有關《周髀算經》的資料均引自大陸學者梁宗巨所著《數學歷史典故》（臺北：九章出版社）。

　　《周髀算經》一開始是這樣說的：

昔者周公問於商高曰：竊聞乎大夫善數也，請
問古者包犧立周天曆度，夫天不可階而升，地
不可得尺寸而度，請問數安從出？商高曰：數
之法出於圓方；圓出於方，方出於矩，矩出於
九九八十一。故折矩，以為勾廣三，股修四，
徑隅五。既方之外，半其一矩，環而共盤，得
成三四五，兩矩共長二十有五是謂積矩。故禹
之所以治天下者，此數之所生也。

　　這短短一百多字大抵上說明了數與形的密切關連，
所謂「數之法出於圓方」。照理，就數的運算來說，諸如
加減乘除等運算，本是自成體系，不假外求；但是《周
髀》似乎一開始就把測量與數連在一起，所以周公才說
「天不可階而升，地不可得尺寸而度」。
　　文中出現的「三四五」，指的是勾股弦的一個特例，
亦即三邊長分別為 3、4 和 5 的直角三角形。不難發現，
3 的平方加上 4 的平方剛好是 5 的平方。事實上，所有
國中生學習勾股弦定理，入門都是靠這個特例。商高說
「勾廣三，股修四，徑隅五」：廣是短的意思，修是長的
意思，而徑就是指這個直角三角形的斜邊。通常木匠用
的曲尺，只由勾和股兩邊構成，斜邊的部分可說是由勾
和股的兩端連出，算是拉出一條最長的線，所以曰徑；

勾股弦定理：勾廣三，
股修四，徑隅五

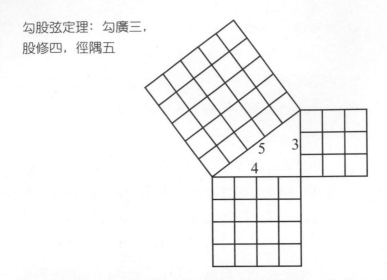

如果在牆角靠上一根棍子，就可以看到一個直角三角形，這根棍子就是徑，搭在牆角就是隅。至於「兩矩共長二十有五」這句話，25 指的正是 5 的平方，兩矩自然是指 9（3 的平方）和 16（4 的平方），亦即勾的平方和股的平方相加是弦的平方（9 加 16 等於 25）。

　　商高接著話鋒一轉，說「故禹之所以治天下者」，這句話看來突兀，其實不然。且說禹的時代，在殷商之前，青銅尚無，測量工具十分簡單，想要有一個現代木匠所持的曲尺，光材料就是個大問題。先民手持的矩，可能是用三根比例是 3、4、5 的棍子首尾相接，接成一個直角三角形，所以商高才說「故折矩，以為勾廣三，股修四，徑隅五」。正是因為直角的構成在測量工作中十分重

要：量遠處的高要靠相似形的比例關係，築牆要確立鉛垂線和水平線，而丈量土地面積也要在地面上拉出直角，才能引用長乘寬等於面積的公式，讓劃分土地的業務順利進行。商高所謂的治天下，指的是管理天下，不單指治水而已。

　　一般公認，古希臘的幾何學部分源於古埃及測量土地所累積的經驗。在 2002 年出版的百科全書（*The World Book Encyclopedia*）有關畢氏定理的這一條目中，特別提到古埃及的測量員把一圈繩子打上 12 個結後等分成 12 段。在土地丈量要畫直角的時候，利用 3 根樁，將繩子套上，調整樁間的距離，分別是 3 等分段、4 等分段、和 5 等分段，然後將繩子繃緊，由於這圈繩子剛好是 12 等分段（12 是 3、4、5 之和），所以這三根樁可以把繩子繃成一個直角三角形，和商高所說「折矩，以為勾廣三，股修四，徑隅五」的現象完全一致。

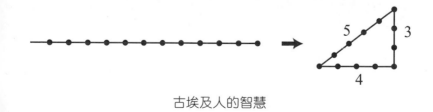

古埃及人的智慧

梁宗巨先生在《數學歷史典故》一書的 255 頁也提

到了古埃及的測量員，並在書中轉載一幅公元前 1415 年的墓畫。根據考證，墓畫中測量員正式的稱呼是拉繩者 (rope stretchers)，畫中顯示了測量員提著繩子上工的情形。對照前面百科全書的解釋，拉繩者應該是利用繩子圍成直角三角形，以進行土地丈量的工作。

看來，商高有關大禹的說話不是無的放矢，勾股弦定理（畢氏定理）成為平面幾何最核心的定理也絕非偶然，它是一個同時出現在古文明中的典範，為「*數學是世界的語言*」這句話做了最佳的詮釋。

交換鑰匙和祕密通訊

　　「交換鑰匙」是因應電子時代祕密通訊發展出來的新概念。早先，祕密通訊靠的是事先約定的加密解密方式。基本的想法是把要寄出的明文依照事先的約定譯成密文，收到密文之後，再根據約定回譯成明文。比方說，把每個漢字編成四碼發訊，收訊者再把數字碼譯回漢字。通訊雙方各持一本密碼，發訊時依本編碼，收訊後照本解碼；但是問題來了，誰負責把密碼本安全的交給收訊者？

　　假設甲、乙兩人想要通訊，而丙要竊聽，並且竊聽的本事十分高明，除了甲、乙面對面交換情報，任何透過有線電、無線電的通訊，丙都可以截獲，因此丙可以拿到甲傳給乙的密文，只是暫時無法破解。另一方面丙破解密碼的本事也十分高明，一段時間之後，甲、乙之間必須更新密碼，否則一旦招式用老，鐵定洩密。在戰爭期間，為數龐大的情報人員絡繹於途，幹的就是更新

密碼這個勾當。情報人員見到乙之後，轉交甲的指示：從某日開始更新密碼；乙首先必須確認情報人員的身分，免得中了丙的圈套，反而破局。

的確，密碼通訊要保障的就是這兩件事：隱密性和確認發訊者的身分——如果不能確認身分，如何進行刷卡轉帳？如果不能保障隱私，交易時必定洩密。須知這其中牽涉到無數的甲、乙、丙：超大量的交易，超速度和超時間的要求——半夜、假日、旅行途中——這說明了早先遞送密碼本的那些老套非得淘汰不可。

1976 年，任職於史丹福大學的三位研究人員：迪菲 (Whitfield Diffe, 1944-)、黑爾曼 (Martin Hellman, 1946-) 和墨克 (Ralph Merkle)（簡稱為 DHM）發表了一個新的概念「交換鑰匙」，從此把密碼本送進歷史。次年，根據這個新概念發明的 RSA 密碼系統很快的把世界推向了一個嶄新的狀態——一個刷卡的世界——每時每刻有無數的民眾在鍵盤上「刷」入一串密碼，進行既隱密又能確認身分的通訊。祕密通訊能夠落實，「交換鑰匙」概念的提出功不可沒。

迪菲在 1974 年到史丹福大學，與黑爾曼、墨克一起研究如何才能揚棄幾千年來使用的密碼本。他們研究的成果可以用一個虛構的故事來說明。

如果甲寫好一封信(不加密，任何人拿到都能讀出)，

56

把信鎖進鐵盒，然後派信差丁送去給乙。由於丙可能截下丁，所以鑰匙不能給丁，需要另外派戊送鑰匙給乙。但是丙也可能連戊一起拿下，因此，就百分之百安全性來看，鐵盒的鑰匙最好留在甲的手上。鑰匙既然留在甲的手上，請問乙要怎麼開鎖？

迪菲等人想了一個妙招。乙收到鐵盒的時候，自己再在鐵盒上加一道鎖，同時自己保留鑰匙，請丁把鐵盒送回給甲。鐵盒送回給甲之後，甲把自己上的鎖打開，然後請丁把鐵盒再送去給乙。乙接到鐵盒的時候，盒上只有一道自己加上的鎖，乙用自己的鑰匙開鎖而取得盒中的信。在整個送信的過程中，甲乙雙方各自持有鑰匙，利用輪流開啟自己上的鎖來完成祕密通訊。這個想法由於牽涉到兩把鑰匙的輪流開啟，因此稱為「交換鑰匙」(exchange key)。

看了上面這則故事，多數的人都會同意「交換鑰匙」這個想法的安全性，而同時也不免懷疑這個想法的效率。不過，故事中的信差丁並非真人，而是代表往返於甲、乙之間的電子通訊，完全沒有時效的問題。只是在實際的應用中，鐵盒的角色又是什麼？迪菲等人在 1976 年發表交換鑰匙概念的時候還不能提出一個真正可行的方案。

第二年（1977）麻省理工學院的研究人員瑞維斯特

(Ronald Rivest)、薛米爾 (Adi Shamir) 和艾多曼 (Leonard Adleman) 提出 RSA 密碼系統（RSA 三個字母分別是這三位發明者姓氏的第一個字母）落實了迪菲等人的想法。從那時開始到現在，RSA 系統在商業通訊的占有率一直高居第一。

　　值得一提的是 DHM 和 RSA 這六個人當時的身分都是學者，研究的成果自然也歸於他們所屬的學府：史丹福大學和麻省理工學院。

■ 參考資料

Simon Singh 著, 劉燕芬譯,《碼書》,臺北: 臺灣商務印書館, 2000年。

同一天過生日的機率

　　機率（又稱「或然率」），一如代數或幾何，是數學的分支，有屬於自身領域的思維和計算方法。最簡單的例子是丟銅板，由於可能的結果只有正、反兩面，如果正、反兩面出現的機會均等，丟出正、反兩面的機率各為二分之一。一般說來，如果事先假設各種可能的狀況出現的機會均等，一組特定事件出現的機率就是該組特定事件的件數和全體事件數之比。比方說丟一個骰子，出現任何一點的機率是一比六，亦即六分之一；而丟出偶數點或奇數點的機率則都是三比六，亦即二分之一。

　　常見的機率問題往往來自賭局。在賭局中，每一個事件出現的機會必須均等，否則便無公平可言。正是因為機會均等的假設，才有以特定事件件數的多寡來定出機率的計算方法。以全副 52 張撲克牌每人發 5 張為例，同花大順（每樣花色一種）只有 4 種可能，同花小順有36 種可能，而四條卻有 624 種可能。因此在輸贏的順位

上，同花大順第一，贏同花小順，同花小順又贏四條。
由於得到四條的機率遠遠大於得到同花小順的機率，四
條才會輸給同花。也許有人認為拿到四條的機會很小。
不過以牌的搭配來說，四條可以是 1 到 13 的任何一個數
字，因此有 13 種情形。而四條定好之後，剩下 48 張的
任何一張都可以加入，前面提到的 624 種就是 13 和 48
的乘積。換句話說，在複雜的情形，必須計算所有可能
的搭配之後，才能確定機率的大小，直覺不一定可靠。
另外一個看起來違背直覺的例子是生日問題。

　　生日問題原本是想了解隨意湊在一起的一群人，其
中至少有兩個人同一天過生日的機率有多大？這個問題
的答案令人難以置信，計算發現，只要有 23 人出現在同
一個場合，其中至少有兩個人同一天生日的機率就會超
過百分之五十。更驚人的結論是，如果有 50 個人同時出
現，那麼其中至少有兩個人同一天生日的機率會超過百
分之九十五。這個結論大致可以解讀為在全國各級學校
50 個人的班級中隨機抽出 100 個班來，其中至少有 95 個
班，每一個班上都會有兩個或更多同一天過生日的同學。

　　生日問題的計算用到高中所學的排列組合。計算時
不妨反過來思考，隨機抽出一群人，他們之間生日互不
相同的機率是多少？如果只抽甲、乙兩人，答案是 364／
365。因為甲的生日定了以後，乙有 364 種選擇。如果抽

出甲、乙、丙 3 人，答案是 364／365 乘上 363／365。因為甲、乙的生日定好在不同的兩天之後，丙還有 363 種選擇。除以 365 是因為所有的可能是 365，這是一年的天數；除以 365 代表的正是以比值求機率的方法。

現在，如果一次抽出 23 人，那就要從 364／365 往下依序乘到 343／365，一共連乘 22 項。連乘下來，自然越乘越小，只是為什麼答案會小於百分之五十？若是沒有親自乘過，恐怕很難接受。

也許我們可以回到撲克牌來看看類似的問題。先前提到從 52 張中抽出 5 張可能得到的一些組合；我們同樣可以問這 5 張牌中至少有一對出現的機率是多少？如果從反面來思考，那就是問抽出 5 張，5 個數字都不相同的機率。第一張抽出之後，因為不同的數字還有 48 張，所以第二張要避開一個數字的機率是 48／51，第三張要避開兩個數字，機率是 44／50；第四張要避開三個數字，機率是 40／49；最後一張要避開四個數字，機率是 36／48。把這四個機率乘在一起計算一下，得到 0.507。因此，至少有一對出現的機率是 0.493。也就是說，接近一半的情形會得到一對，而另外的一半情形則包含極少數的順子，和大部分所謂的五爛牌。五爛指的是彼此完全不搭而又不同花色的牌，這樣的牌也接近一半。五爛可以說是最輸的牌，不過看來並不那麼嚴重，因為五爛牌出現

的機率不過是百分之五十左右。

　　生日問題的情形有點像撲克牌。事實上，23 個人生日完全不同類似於拿到一副「二十三」爛牌；我們本來的問題是在 23 張之中有沒有一對發生？如果有，就代表有兩個人同一天過生日。不過，生日問題畢竟不同於撲克牌，不能經由類比就下結論。我們只好規規矩矩的計算 364 / 365, 363 / 365... 到 343 / 365 的連乘積，答案是 0.49。0.49 代表 23 個人生日互不相同的機率，所以 23 個人中有兩人生日相同的機率是 0.51。這樣的計算必須透過電算器。電算器的發明固然讓我們能夠計算過去幾乎無法用手算完成的例子，但是電算器計算的威力並不能夠幫我們完全了解為什麼在 23 人的情形，有兩人生日相同的機率可以超過百分之五十，而 22 人不行，其中應該有電算器所不能及的深刻意義。換句話說，除非我們能夠在直接計算 22 項的連乘積之外，找出更平易近人的解釋，否則，生日問題的結論永遠令人存疑，有待進一步的釐清。

■ 參考資料

　　網站：臺大數學系／微積分經典範例

　　網址：http://scicomp.math.ntu.edu.tw/calculus/

百分之九十五的信心水準

　　媒體經常報導民調的結果。民調的問題多半是是非題：對某項政策支持或反對，對某位行政首長滿意或不滿意，選或不選某位候選人。我們舉一個過去媒體對某位行政首長所做滿意度的調查來說明民調公布的方式，媒體當時這麼說的：本次調查於 4 月 28 至 30 日晚間進行，以臺灣地區住宅電話簿為抽樣清冊，共成功訪問 1,004 位成人。訪問結果並依照臺灣地區人口結構之性別、年齡與地區分布進行加權。在百分之九十五的信心水準下，滿意度是五成四，抽樣誤差為正負三‧二個百分點。

　　這裡所謂的「加權」是指在某個時段對某些地區訪問時，可能因為時段或地區的特殊，造成受訪對象在分布上不夠隨機，因而必須作一些調整。比方說如果是白天以電話進行訪問，可能大部分的受訪者不是家庭主婦就是老人；有些地區的勞動者可能因為工作條件，到了

正常的晚餐時間還沒有下班，因此永遠訪問不到。電話線的配置也有可能在某些地區並不均勻，受訪者因此集中在一兩個村落等等。總之，為了讓受訪者的分布隨機，不致因為性別、年齡或地區而有特殊的集中趨勢，必須對訪問的結果作適當的調整。調整的方式是賦予某一類受訪者加權比重，使調查的結果更有代表性。可以這麼說，在適當的加權調整之後，隨機選出受訪的 1,004 人當中大約有 540 位對這位行政首長滿意。然而百分之九十五的信心水準和正負三‧二個百分點的誤差又代表什麼意義？

經常看民調結果的讀者應該會注意到「百分之九十五的信心水準」和「正負幾個百分點」這兩句話總是與民調的結論並陳。正負幾個百分點有時會略有出入，例如正負三個百分點，正負三‧五個百分點等等，但是信心水準卻永遠都是百分之九十五，從來不打折扣。

本來如果是透過普查，也就是說訪問到每一個人來得到滿意度，就不會有信心水準的問題。可以說是百分之百的信心水準。讀者可能注意到每次民調訪問的人數總是在千人上下，最常見的是一千多一點，很少超過一千五，這樣的一個小群體和普查必須面對的千萬人完全不能相比。事實上，這也是民調最有趣的一點，只訪問 1,004 人就能反映真實的全民滿意度嗎？為什麼沒有人站

出來質疑這 1,004 人根本就沒有代表性？質疑有理，只是配上正負三・二個百分點之後，這 1,004 人的代表性可以高達百分之九十五。正確的說法是：「本次民調反映的真正滿意度落在百分之五十四加減百分之三・二之間，也就是介於百分之五十・八和百分之五十七・二之間的可能性高達百分之九十五。」這個正負百分之三・二的範圍稱為「信賴區間」，信賴區間和信心水準是一體之兩面。可以想見，信賴區間如果越大，信心水準相對就越高。如果我們願意接受正負百分之六・四的誤差（信賴區間），信心水準就可以提升到百分之九十八，但是永遠無法達到百分之百，這是民調天生的限制。

民調天生的限制來自於抽樣，在隨機抽樣的前提之下，抽到的 1,004 人中也有可能恰好有不少人對這位行政首長一向不滿，因而影響到調查結果。這就好像全民都去投票，投下滿意或不滿意，本來應該全面開票才能回答真正的滿意度，現在只從所有的票中抽出 1,004 張來開票，當然沒有百分之百的代表性。只不過全面投票成本太大，如果只要抽 1,004 人訪問就能得到一些片面資訊，何樂不為？更何況，這「片面」可以「片面」到百分之九十五的地步。至於正負三個百分點，大抵是訪問千人上下應有的誤差；如果可以訪問一萬人，誤差可以降到一個百分點（信心水準仍然是百分之九十五），不

過成本不免大大提高。以對行政首長的滿意度來說，正負三個或一個百分點，大家不會那麼計較，誤差大一點反而有彈性。往好的方向解釋，心理上更加舒服；往壞的方向解釋，大家都要努力。畢竟，民調是在不準的前提下，盡量求準。

　　信賴區間和信心水準並陳反映的正是民調的本質：結論有風險，但是風險不大。

■ 參考資料

David S. Moore 著，鄭惟厚譯，《統計學的世界》，臺北：天下文化書坊，2002 年。

皮亞諾整理算術系統

　　皮亞諾 (Giuseppeo Peano, 1858-1932)，義大利人，是特立獨行的數學家。他提出描寫算術系統（或自然數系統）的五公設，具體且嚴謹的呈現了一個既基本而又豐富的公理系統，為數理邏輯開了一條大路。

　　什麼是自然數？自然數就是正整數，也就是我們從小到老每時每刻用到的 1, 2, 3, 4, 5...，是每個人都熟悉親切而一再使用的數，所以稱之為自然。德國數學家 Leopold Kronecker (1823-1891) 說得好：「上帝創造自然數；除此之外，皆是人為。」("God created the natural numbers; everything else is man's handiwork.")

　　自然數既是如此自然，為什麼還要另創五個公設來描述它呢？在回答這個問題之前，先來看看這五個公設。

　　皮亞諾的第一個公設是說，自然數中有一個名字叫做 1 的數，本公設似乎隱藏玄機。再往下看，第二個公

設是說，自然數中每一個成員都有一個後繼者 (successor)
——本公設反映 1 的後面有 2, 2 的後面有 3 的事實。再
看下去，第三個公設說 1 不是其他任何數的後繼者——
這個公設凸顯了公設一中所言的 1 扮演的龍頭角色。接
著是第四個公設：不同成員，它們的後繼者也互不相同。
以上四個公設合在一起得到：如果從 1 出發，公設二要
求 1 之後有 2，2 之後有 3，3 之後有 4，……，公設三
要求 1, 2, 3... 依次往後，不會循環回到 1——完全配合直
觀，我們數數不會回頭。公設四則是說明 1, 2, 3, 4... 一個
接續一個，每一次出現的後繼者都確實是一個新的成員。
所以，從公設一中的「1」出發，通過公設二、三、四的
保證，可以產生一長串的 1, 2, 3...。別忘了還有公設五，
這個公設有點囉嗦，不過它的意思很簡單，亦即自然數
就只有剛才說的這一串：龍頭 1 和自龍頭以降依序而來
的這一長串的 2, 3, 4...，並且就是這一長串，別無分
串。

　　看到這裡，不免覺得真有必要如此描述自然數嗎？
其實公設一中提到的這個 1，只是一個特定成員的記號，
用 1 來寫是為了方便，也是為了提醒，提醒的正是我們
熟知的 1 應該扮演的角色。事實上，公設二，三，四中
所謂「後繼者」，也只是用 1 來說明每一個成員有一個緊
密的夥伴和強調 1 的龍頭地位。這就好像象棋中規定，

車走直線，馬走日，誰規定棋子上一定要寫車？要寫馬？名稱不是那麼重要，彼此之間的關係或作用才重要。君不見有的時候，少了一個車，弈者就用一個 10 元硬幣擺在車的位置上。一旦擺在那兒，10 元硬幣就可以像車一樣直起走，橫起走。皮氏五公設看來毫不起眼，一如歐幾里得的幾何公設第一條：兩點決定一直線。不過公設總是如此，它規範的不是姓張或姓李，它規範的是姓張的是大哥，姓李的是小弟。它甚至不解釋什麼是大哥，什麼是小弟，它只是說，排隊的時候，小弟要緊跟著大哥。我們很容易了解，皮氏所規範的自然數，就是前有大哥 1，1 之後有二哥 2，2 之後有三哥 3……，並且就只有這一個家庭，一條腸子通到底（嚴格的說是一條腸子通不到底）。

有人不免困惑，在皮氏的眼中，自然數只是一個序位的關係，似乎喪失了它應有的數量意義。比方說什麼是 2？根據皮氏，我們應該回答：2 是 1 的後繼者。什麼是 3？3 是 2 的後繼者。好，我們現在在盤子裡擺了一堆橘子，我們問皮氏：有幾個橘子？皮氏得先把橘子排成一排，然後在排頭的橘子標上 1（根據公設一和三），然後，根據公設二和四在緊貼著 1 的這個橘子標上代表 1 的後繼者的記號 2，然後……，皮氏終於在尾巴的這個橘子標上了它作為前一個橘子的後繼者應有的記號。皮

氏於是用這個最後的記號——3 回答你。皮氏的動作是
不是很熟悉呢？沒錯，皮氏模仿的正是小孩子數數的方
法。

媽媽帶著孩子上樓梯的時候數數，或是扳著手指頭
點數，用的正是這個辦法。

事實上，依著順序點數是教孩子認識數字最好的方
法；即使在沒有實物可點的場合，幼稚園的老師不也是
要孩子們齊聲朗誦 1, 2, 3, 4, 5... 嗎？此時，人類天生的時
間感讓數字出現的先後順序有了意義，而同時，每一個
後繼者的出現，代表的正是存在的接續，正是因為持續
的存有，而有了數量的意義。也就是說，孩子是透過排
序而理解數量。至於一眼看到正字標記就知道代表 5 個，
則是長大以後的經驗。

那麼，為什麼皮氏不從數量的意義來直接描述自然
數系統呢？要知道公設揭櫫的是系統中最基本的要素，
它展示的是一個容易入手但卻發展無限的關係，必須抓
緊反璞歸真和以簡馭繁這兩個原則。

數量的意義其實來自加法，是一個求和的結果。所
以難怪有人常常會問：1 加 1 為什麼是 2？皮氏的回答想
當然是：1 加 1 代表的是找出 1 的後繼者，1 的後繼者是
2，所以 1 加 1 等於 2。

話說回來，皮氏五公設的功能當然不止於從序數（排

隊）走向基數（數量）而已，第五公設同時支持在論證的時候可以用歸納的方式，步步為營，向前推進。舉例言之，如果想要理解一群人排成一列，總共有幾種排法；以甲、乙兩人來說，排隊的時候，不是甲在前就是乙在前，總共是兩種排法。甲、乙排好之後，丙再加入，丙可以排頭，也可以排尾，或是排在甲、乙兩人之間。換言之丙加入的方式有 3 種。照此類推，丁來加入甲乙丙的排隊，丁有 4 種方式：排頭，排尾或是穿插於甲、乙、丙三人之間的兩個位置。

第五公設認為只要釐清下一位參加排隊所有可能的方式，這個問題便算解決。由於在釐清的過程中，是由現在的情形往前推進一步，而得到整體的看法，所以第五公設又有一個別號──「數學歸納法」。

不過此處的歸納和物理科學上的歸納大大不同，後者通常要通過實驗室一再的檢驗，而前者必須通過嚴謹的證明。嚴謹證明依賴的仍然是演繹法，只不過在使用數學歸納法證明的時候，只要能夠從第 n 步推得第 n + 1 步即可，第五公設基本上保證了這種推理方式的正確性。

在過往數學的發展上，許多牽涉到 n 的命題，例如 n 個人排成一列，或是 n 個質點在某種限制下運動，這些命題的結論多半要靠數學歸納法才能嚴格的證明。

　　皮亞諾雖然不是第一個提出數學歸納法的人，但是
他清楚的認識到這個方法其實是一個公設，相對於算術
系統的建構，是整個系統發展的支柱，正如平行公設之
於歐氏幾何，是系統的樞紐，也是系統的招牌。

歸謬法

　　歸謬法（又稱「反證法」或「否證法」）是一個論證推理的常用的方法。進行時先假設某一說法為真，如果因此能夠推出矛盾，就可以結論該說法為假。例如有人指控張三某夜在臺北犯案，但是澳門賭場作證張三當晚在澳門賭場賭了整整一夜。如果張三確在臺北犯案，立刻與張三當夜待在澳門賭博一事矛盾，因此現場犯案者必非張三。法界習慣稱此為「提出不在場證明」，以不在場證明脫罪指的就是歸謬法。

　　另一個有名的例子是亞里斯多德 (Aristotle, 384 B.C.-322 B.C.)，他認為物體從高處落下時，重量大的落下的速度比較快。現在，拿兩個石頭，一個重，一個輕，把它們兩個綁在一起從高處落下。如果亞氏的說法是對的，重的石頭落得快，輕的石頭落得慢，綁在一起落下，彼此牽制，速度只好介於其間不快也不慢。可是既然綁在一起，合起來的重量絕對大於個別的重量，照亞氏的

說法，綁在一起落下來的速度應該最快。此與前面不快也不慢的結果矛盾，矛盾表示，亞里斯多德的看法不對。

亞氏的看法錯了，並不表示就能得出物體無論輕重，落下的速度都一樣。事實上，只能得出重量大的落下時不一定比重量小的快。上面這段以歸謬法進行的簡單論證無法取代伽利略 (Galileo Galilei, 1564-1642) 發現的自由落體定律——在空氣阻力不計之下，同一高度落下的物體，無論輕重，皆同時落地。

再舉一個數學上的例子：質數有無窮多個。我們知道最小的質數是 2，2 以後依序是 3, 5, 7, 11, 13...。質數的特徵是不能分解為兩個更小的數相乘，例如 4 可以寫成 2 乘 2，6 可以寫成 2 乘 3，因此 4 和 6 都不是質數。質數一定要分的話只能分成 1 乘自己，例如 2 只能分成 1 乘 2，3 只能分成 1 乘 3 等等。現在任取一個整數，如果它不能分成兩個更小的數相乘，它就是一個質數；或者它可以分，分了以後也許還可以再分。如是，我們就可以把這個數「解剖」成一堆質數的乘積。例如 10 可以分成 2 乘 5，12 可以分成 2 乘 2 乘 3。古希臘的哲學家認為萬物都可以一分再分終至不可分。這個最後的不可分，在數學上是質數，在物質上是原子，雖然原子還能分成質子、電子和中子，不過這是後話。

可分不可分的概念，因此把大於 1 的整數分成了兩

類，不可分的是質數，而可分的這一批終究會化成那些質數的連乘積。問題是，不可分的數到底有多少？有限多個嗎？還是無窮多？回想我們小時候學質數總有這麼一個感覺，如果你能發現 29 是質數，再往下找，31 又是一個質數。即便是找到了質數 97，再往下找又找到了 101。感覺上，質數總是一個接一個，生生不息。

回到質數有無窮多個這個定理，它出現於歐幾里得《幾何原本》的第九卷，證明的方法，基本上就是歸謬法。開始論證之時，不妨假設質數只有有限多個，既然是有限多個，為了方便說明，乾脆假設世界上只有三個質數甲、乙、丙。現在把甲、乙、丙三者相乘之後再加上 1 叫做丁，看看丁吧，拿甲、乙或丙去除丁，都除不盡，總是餘 1。（這就好像 2 乘 3 乘 5 再加 1 得到 31，31 除以 2，3，或 5 都會餘 1。）丁不能被甲、乙、丙整除，已如上述；但一開始已經假定世界上只有三個質數甲、乙、丙，亦即丁不是質數，而且丁可以逐步分解為甲、乙、丙三個質數的連乘積。雖然這個連乘積中並不保證甲、乙或丙一定出現，但是至少，丁可以被甲、乙、丙三者之一整除。記得先前曾經講過，無論是甲、乙或丙，拿來除丁的時候都會餘 1（丁是甲、乙、丙三者相乘再加 1）。因此我們得到一個矛盾，矛盾的發生表示質數個數有限的說法為假，所以質數個數無限的說法為真。

　　上述的論證源自歐幾里得。庫朗和羅賓斯在兩人合著的經典《數學是什麼?》一書的第 22 頁重現了這個證明，作者稱許這個論證是「數學推理的模範」(a model of mathematical reasoning)。庫朗和羅賓斯之所以特別推薦這個證明，主要是因為只需透過簡單的推論就可以得到質數有無窮多的結論。由於質數雖有特徵，卻無出現的規律，我們無法事先發明一個算則來幫忙算出質數。不過此處歸謬法並沒有具體告訴我們這無窮多的質數怎麼得到，它只是說確有其事，結論全然是定性而非定量的。

　　的確，歸謬法處理的經常都是定性的敘述，但是不要忘了在大部分的狀況，我們需要數學是因為數學幫助我們計算，例如解出各式各樣的方程式。至於為什麼歸謬法於定量幫助不大，最淺顯的例子就是計算 5 + 3 = 8，照歸謬法的處理過程，我們會先假設 5 + 3 不等於 8，然後企圖得到矛盾的結果。如果真的這樣去做，那只會模糊焦點，讓數學變得晦澀。因此，使用歸謬法推論要相當謹慎，原因是數學的推論不僅保證結論的正確，也關乎結論的呈現，與結論是一體的兩面，無法切割。這就是為什麼有的證明雖然正確，仍然有待調整，因為不符合庫朗和羅賓斯所言「推理的模範」。

2 的平方根是無理數

　　高中數學把無理數的學習擺在高一上的「數系」這一單元，此章先回顧過去所了解的有理數——包括整數、分數、（有限）小數和循環小數。因為（廣義的）分數代表的是兩個整數之比，因此當分母為 1 的時候，比值是整數；分母為 2, 4, 5, 8 的時候，比值是除得盡的小數；如果碰到除不盡的分母，就會自然產生一個循環小數。因此，分數可以說是有理數的同義詞。無理數則是有理數之外的新生事物，它是一個可以一直寫下去，但永遠不會循環的小數，例如圓周率。小學的時候圓周率是 3.14，到了初中，它變成了 3.1416；不過對不起，它應該是 3.141592...，高中以後，如非必要，通常是以一個讀作「拍」的希臘字母 (π) 來表示，不再關心圓周率的近似值。

　　有理數和無理數這兩個名詞分別譯自英文的 rational number 和 irrational number。譯名看來古怪，似

乎摻雜了價值判斷，認為分數是理性的 (rational)，而非分數是無理性的 (irrational)。針對此點，曹亮吉先生有如下的看法：

> 我們把分數又叫作有理數，其實 rational 源出 ratio，應該譯成比數才對，才合乎原來的意思。至於 irrational 當然是非比數，譯成無理數真是無理之至。但約定俗成，我們還是接受通用的譯名。

曹先生的意思是說有理數和分數是同義詞，而後者本是兩個整數之比，比的英文是 ratio，rational 出自 ratio 是再自然不過的事。只不過 rational 又有理性的意思，因此陰錯陽差，竟以有理與無理的中譯來區分分數和分數以外的數。所以曹先生才說「真是無理之至」。

與曹先生持類似看法的還有 Edna E. Kramer。在 Kramer 所著《近代數學的本質和成長》(The Nature and Growth of Modern Mathematics, 1981, Princeton University Press) 第 28 頁談 2 的平方根時，把非比 (without ratio) 和無理 (irrational) 視為同義。這裡 2 的平方根指的是自乘後等於 2 的數，近似值是 1.414。

看來，無理數確實應該譯成非比數，或是非分數，

只是，為什麼要以分數或是非分數來對數作區隔？要回答這個問題，必須從數的本質談起。

最基本的數是正整數，也稱自然數，就是 1, 2, 3, 4, 5... 這些數，既自然又與生活息息相關，所以大數學家 Leopold Kronecker 才說：「上帝創造自然數；除此之外，皆是人為。」("God created the natural numbers; everything else is man's handiwork.") 人為的數首從測量而來。測一段長，總不會剛好是整單位，於是要細分單位，因此而有了分數和小數。分數是本，小數只是記錄分數的辦法，正如五分之一之所以可以寫成 0.2,完全是因為十進位制的緣故。或者反過來說，小數其實是分母為十、佰、仟……的分數。至於分母是 3, 7 而非 2, 5 的情形，也只好用不盡的循環小數來表達，就像把三分之一寫成 0.3 循環小數。總之，雖然分、小數的範疇稍稍越過了自然數，但是無論就觀念或計算而言，仍然單純，並不脫原來已經學會的加減乘除，直到 2 的平方根 ($\sqrt{2}$) 出現。

$\sqrt{2}$ 可以看成是一個面積等於 2 的正方形的邊長，它介於 1.4 和 1.5 之間,因為 1.4 的平方是 1.96,而 1.5 的平方是 2.25。如果進一步來看,它介於 1.41 和 1.42 之間,因為前者的平方是 1.9881 而後者的平方是 2.0164。再進一步,它介於 1.414 和 1.415 之間。我們可以一步一步決定 $\sqrt{2}$ 的小數部分，比方說再下一步介於 1.4142 和

1.4143 之間。這個方法看來很土，但是有效，只是每當完成一步之際，完全無法預測下一步，和從分數而來的小數完全不同。從分數而來的小數，如果除不盡，一定會循環，循環代表可以預測。但是 $\sqrt{2}$ 不同。如果再往下走，可以走到 1.414213562，不循環，可是也走不完。

　　但是，且慢，我們怎麼知道走下去它不會循環？有沒有可能在一萬位小數之後，$\sqrt{2}$ 開始循環，目前只是還沒走到那裡，不會循環的結論是否言之過早？真相是，數學家提出了一個簡潔的論證，論證的方式是先假設 $\sqrt{2}$ 是一個分數，例如 $\sqrt{2}$ 是 a／b，a，b 都是整數，並且 b 大於 1。想像我們把 a，b 之間公共的因數都約去了，用通俗的話來說，a 被 b 除，不能除盡。現在，我們把 $\sqrt{2}$ 平方，得到 2，因此，$a^2／b^2$ 也等於 2；可是由於 a 被 b 除，除不盡，所以 a^2 被 b^2 除，也應該同樣除不盡，但這與 $a^2／b^2$ 等於 2 矛盾。矛盾的發生顯示了一開始的假設是錯的，也就是說 $\sqrt{2}$ 不可能是一個分數或比數。高一上的數學教材就是從介紹這個論證開始。這種類型的論證稱為「歸謬法」（又稱「反證法」或「否證法」），有點像在法庭上提出不在場的證明來脫罪（有關「歸謬法」的詳細說明，可參看本書〈歸謬法〉一文）。

　　一旦脫罪，$\sqrt{2}$ 正式以無理數現身，並且是人類歷史

上第一個證得的無理數，為往後對數系的了解奠下了嚴謹的基礎。

■ 參考資料

曹亮吉等著，《微積分》，第 12 章〈微積分的基礎〉，臺北：歐亞書局，1990 年 9 月 1 版。

對稱，不對稱和解方程式

什麼是對稱？1957 年諾貝爾物理獎得主之一的李政道 (1926-) 先生說得好：**「對稱就是不能分辨。」**

電影一開演，男主角坐在理髮廳裡，凝視著正前方。鏡頭拉遠，場景展開，出現了另一個坐在鏡子前面的男主角。原來，第一個鏡頭是導演對著鏡子拍的；一開始觀眾並沒有察覺看到的其實是鏡子裡的人像，這種鏡子裡外的不能分辨就是所謂的（鏡面）對稱。

有人反駁：如果男主角穿上一件繡了學號的制服，觀眾就會發現在第一個場景中，男主角胸前的學號是反過來的數字，因此鏡子裡外是可以分辨的。不過此處無法分辨指的是空間的本質，並沒有加入人為的因素；換個角度思考，如果請古希臘的幾何學家歐幾里得來看電影，由於歐幾里得不認識阿拉伯數字和漢字，因此必然無法回答他在電影一開演所看到的人像究竟是在鏡裡還是鏡外。

　　李政道在其著作《對稱，不對稱和粒子世界》(臺北：學鼎出版社，1993 年 9 月) 中提到物理學上常見的對稱形式有：一、位置平移；二、時間平移和反演；三、方向或轉動；四、左右或是鏡面反射；五、規範對稱；六、電荷正負；七、全同粒子的置換對稱。

　　數學家習慣把一、二、三、四項，整合成一個廣義的時空對稱；本文一開始談論的鏡裡鏡外就是第四項所提及的左右對稱；第五項的規範對稱，數學家將之歸於向量叢的內在對稱；第六項的電荷為數學所無；但是，第七項所談到的置換（或調換）對稱，在數學上是一個非常重要的課題（高中所學排列組合中的排列就是置換的同義字，英文是 permutation）。19 世紀的大數學家阿貝爾 (Niels Henrik Abel, 1802-1829)、加羅瓦 (Évariste Galois, 1811-1832) 等人曾經利用置換對稱和相關的對稱破壞機制成功的處理了多項式的方程式理論。另一方面，20 世紀的物理學家為了解釋微觀不對稱所引進的「對稱性自發破缺」概念與 19 世紀數學家的工作相當類似，同樣都是處理完整對稱遭到破壞的情形，不過目的不同（見《對稱，不對稱和粒子世界》，頁 25）。

　　原來，在解一元多次方程式的時候，方程式的根與根之間存有一個相當完整的置換對稱。就好像班上有一對雙胞胎，常常在上課的時候自動調換位子。對老師而

言，班上同學座位的狀況並沒有因為雙胞胎對調位子而改變，因此是處在一種「不可分辨」的狀態。再者，這個對稱的存在是因為調換或置換下的不可分辨，所以屬於前所提及的置換對稱。現在，老師要叫雙胞胎之一上臺背書，老師發現他不知道哪個是哪個。如果老師一定要分辨出來，他必須要靠其他的特徵來破壞原有的對稱，對稱性一旦破壞，老師就可以叫出雙胞胎的名字；這和解方程式的原理是一樣的。

　　以國中所學解一元二次方程式為例，題目只告訴我們兩數之和與兩數之積，而要求我們解出兩數，正如知道長方形的周長和面積而要解出長方形的長與寬究竟是多少，比方說周長是 8，面積是 2，或者說長寬之和是 4，長寬之積是 2，請問長寬各是多少？由於答案不是整數，因此需要一點新的想法才能解出。回想前所提及雙胞胎的例子，雙胞胎之間並非沒有差異，只是擺在教室座位分布的背景之下，我們只能看到置（調）換座位下的對稱性。這就好像我們只能看到兩數之和與兩數之積，而看不到兩數之差。如果我們可以了解兩數之差，那麼將之加上兩數之和再除以 2，我們就可以解出兩數之一。解根的關鍵就在於看出兩數之差的平方剛好是兩數之和的平方扣掉兩數之積的四倍，亦即 $(a-b)(a-b) = (a+b)(a+b) - 4ab$。以長方形的例子來說，長寬之差的平方剛好是

4 的平方扣掉 2 的四倍，也就是 8。不過 8 不是完全平方，因此必須再透過開根號才能解出長與寬，答案是 2 加 $\sqrt{2}$ 和 2 減 $\sqrt{2}$。

兩根之差的平方叫做判別式，判別什麼呢？判別兩根是否相等，即判別式是否為 0。但是更重要的是判別式告訴我們兩根之差的所有資訊，有點像雙胞胎的出生證明中所記錄的雙胞胎之間的差異。正是因為這個差異的重現，才破壞了原有的對稱性。我們不難理解要解出個別的根是多少，和分辨雙胞胎誰是誰是一樣的——既然能夠解出，當然代表原來的對稱性已然消失了。

對稱性在，代表一種內在的不可分辨；對稱性不在了，可能代表一種外在的破壞，或是在完美的對稱之中摻入了一些雜質。至於是誰幹了這個摻沙子的勾當？李政道在他的書中提到物理上的原因可能是一個相當複雜的真空現象（《對稱，不對稱和粒子世界》，頁 31），稱之為「對稱性自發破缺」。這裡「自發」二字說明了物理現象和數學家解方程式時所為大不相同，在解方程式的模型中，對稱性的破缺是數學家硬找出來的，例如判別式的計算，不能算是方程式的自發，因此看來並沒有粒子世界那麼神祕。畢竟數學本質上是一個演繹系統，不必依賴物質世界，因此也談不上宏觀與微觀的差異，解方程式的理論適足以說明數學思考的特殊性格。

平行公設與歐氏幾何

　　非歐幾何起源於對歐氏幾何的質疑。質疑什麼？因為歐幾里得的《幾何原本》一開始立下了五條公設：第一條說兩點決定一直線，第二條說線段可以繼續延長，第三條說以任意點為圓心，任意長為半徑可以作一圓，第四條說凡直角都相等。以上四條公設，略加檢視，不難發現：第一、二條談點和直線，第三條談圓，第四條談直角，自然也談到了直角的部分角，例如直角的二分之一、三分之二等等。所以這四條公設規範的不過是點、線、圓、角這四個平面幾何的基本元素。

　　質疑出在第五條，是所謂的平行公設。這條公設在教科書中多半以英國數學家兼地質學家普萊費爾 (John Playfair, 1748-1819) 提出的敘述呈現：在平面上任予一條直線 L 與 L 外一點 P，必可作一條通過 P 點而與 L 平行的直線，並且這樣的直線只有一條。

　　換言之，第五公設談論的是平行線存在的問題。不

妳看看手上的練習本，或是橫式書寫的信紙，不是都有一行一行的分格線嗎？這些分格線就是一組平行線，彼此之間像鐵軌一樣不會相交。想像作業簿中有一張白紙，老師要求同學自行畫上一行一行的平行線，究竟能不能畫？普萊費爾說可以，因為從開始畫好的一條直線外隨便一點，我們都可以過這點畫一條平行線。這條平行線畫好以後，過同一個點就不能再畫另一條。既然在紙上畫一組平行線，實踐上並無困難，我們不禁要問：數學家到底質疑什麼？

回想這五條公設的第一條：兩點決定一直線，第二條：線段可以繼續延長，這兩條公設不也是生活中的自然寫照，有必要質疑嗎？如果平行公設不對的話，那豈不是連鐵軌都鋪不成了。但是再仔細考察第一、二條公設的內涵，它們和第五條平行公設所論的確有一個本質上的不同，那就是有限與無限之別。先說第一條，第一條說兩點決定一直線，實際上是指連接兩點成為一線段。比方說，在平面上拿一把尺對準甲乙兩點，然後從甲點開始沿著尺畫向乙點，畫到乙點就停下來，如此得到一個長度有限的線段。第二條雖說線段可以延長，但是延長的時候還是要以尺貼緊原有的線段，將它再沿著尺多畫一段，因此長度仍然有限。這兩條公設在平面幾何的論證中處處可見，例如「延長線段 AB 與線段 CD 相交於

E 點」，正是這兩條公設的體現。

　　平行公設所涉及的內涵與以上兩條大異其趣，主要是因為它談到平行線，而平行的意義又是任意延長永不相交。現在有兩條直線，說是互相平行，可是要如何透過不斷延長來確認它們永不相交呢？先前提到在白紙上畫一組平行線，不管用什麼方式來畫，畫出來的線充其量只是在白紙上互不相交。就算不小心畫歪了一點，只要不太離譜，在白紙有限的範圍內稱它們互相平行仍然說得過去。但是要超出白紙的範圍將直線無限延長，就有點怪異，因為在實踐上我們無法無限延長一條直線。數學家質疑的還不只此。一個更基本的問題是公設所談論的應該是自明之理 (self evident)，所謂的「自明」，指的是不需太多解釋，就可以同意的看法。歐幾里得這五條公設的前四條看來，涉及的確實是最基本的名詞和一些與經驗密切關聯的聲明。例如第一：兩點決定一直線，第二：線段可以延長，第三：可以作圓，第四：凡直角皆相等。但是第五公設就不那麼自明了，它像是天外飛來，前四條正在介紹公司的四位股東——點線圓角——平行公設談的已經是公司營運的定位問題。

　　的確，平行公設正是代表歐氏幾何的定位，不像前四條公設大體上為所有的幾何服務。許多數學家因此質疑是否可以只介紹公司的四位股東，而開放公司營運的

定位。持這種開放態度的數學家有高斯、羅拔切夫斯基 (Nicolaï Ivanovitch Lobatchevsky, 1793-1856)、鮑耶 (János Bolyai, 1802-1860) 和黎曼 (Georg Friedrich Bernhard Riemann, 1826-1866)，他們的研究建構了兩類新的幾何學，一類稱為橢圓型幾何，另一類稱為雙曲型幾何。

　　相對於傳統的歐氏幾何，新的兩類幾何又稱為非歐幾何。這兩類非歐幾何加上歐氏幾何統稱古典幾何，分別代表三種對平行線存在的看法，橢圓型幾何認為不存在平行線，歐氏幾何認為過線外一點只存在一條平行線，而雙曲型幾何則認為過線外一點存在兩條或兩條以上的平行線。

　　回到歐氏幾何，雖然釐清了平行公設的獨立性，困擾仍然存在。以歐氏幾何中最重要的主題──三角形來說，明明是一個發生在有限區域的研究對象，為什麼需要一個將直線延長到無限遠的區域才能判定是否平行的議題？平行公設之於歐氏幾何真是那麼無法取代嗎？

歐氏幾何的招牌
■ 三角形的內角和是 180 度

　　歐氏幾何立下平行公設（又稱第五公設），要求過線外一點，只能有一條平行線通過。如果將平行公設與前四條公設——兩點決定一直線，線段可以延長，可以作圓，凡直角皆相等——比較，不難看出平行公設一方面欠缺作為公設應有的自明之理，另一方面平行線的定義又牽涉到將直線無限延長的操作。因此在 19 世紀以前有許多數學家或基於追求完美或基於懷疑，紛紛質疑平行公設。完美派認為應該把平行公設當作一個可以被證明為真的定理，亦即利用歐氏幾何前四條公設和一些放諸四海而皆準的公理來證明平行公設。懷疑派則認為平行公設可能無法被其他的公設加上公理證明，它與前四條公設獨立；懷疑派進一步認為如果將平行公設換成反面的敘述，例如把過線外一點只有一條平行線改為過線外一點沒有平行線或是至少有兩條平行線，應該也可以得到相容的幾何模型。

　　懷疑派的代表人物是高斯、羅拔切夫斯基、鮑耶和黎曼，他們成功的得到平行公設不必成立的幾何模型，稱為「非歐幾何」。非歐幾何的出現粉碎了完美派的期望，為幾何學帶來新的方向。

　　數學家自此完全掌握了平行公設之於歐氏幾何是招牌的地位，但是這並不代表平行公設是成就歐氏幾何的最佳選擇。換句話說，為什麼不能採用另一條看起來更自然，更容易理解的敘述，同樣也可以當作歐氏幾何的招牌呢？

　　一個可能的選擇是三角形內角和定理，定理的內容是說任意三角形三個內角的度數之和等於 180 度。例如正三角形，每一個角的大小都是 60 度；又如一般常見的兩種直角（直角等於 90 度）三角板，其中一種除了直角以外，剩下的兩個角分別是 60 度和 30 度，而另一種除了直角之外的兩個角都是 45 度。在歐幾里得的《幾何原本》一書中，有關三角形最基本的定理有兩個：第一個是列在命題二十的三角形兩邊之和大於第三邊，第二個就是剛才提到的內角和定理，擺在命題三十二。這兩個定理之所以基本，主要是前者談邊，後者談角，而整本《幾何原本》的核心議題就是三角形的邊角關係。這兩個定理對歐氏幾何有奠基的作用。不過稍加推敲，很容易發現所謂的兩邊之和大於第三邊是相當一般的幾何現

象，並非歐氏幾何所獨有，此所以考慮以內角和定理作為歐氏幾何的招牌。

仔細看來，先前曾經提到平行公設的兩大困境：一是涉及到將直線無限延長的操作，而三角形內角和定理顯然沒有這個問題；另一個困境是平行公設所謂的過線外一點只有一條平行線的敘述不夠自明。因此，至少應該說明三角形內角和定理比平行公設更容易為人接受。

通常人們願意接受一個命題，主要的原因來自經驗。從經驗看來，垂直或鉛直的概念源自直角。直角在生活中處處可見，並且由於把一周天定為 360 度，而把直角的度數定為 90 度。先看人們熟悉的正方形，如果我們把正方形沿著對角線對摺，不難發現對摺之後剛好變成了正方形的一半，我們因此看到了一個直角三角形，它的另外兩個角恰好各是直角的一半，亦即 45 度。所以就這個特殊的直角三角形來說，它的內角和是 180 度 (90 + 45 + 45 = 180)。

在繼續探討之前，要知道，任何一個三角形都可以由兩個直角三角形拼湊出來。如果我們能夠理解直角三角形的內角和是 180 度，就等於理解了任意三角形的內角和也是 180 度。因為這樣的觀察，下面的討論將聚焦在直角三角形的內角和，並且由於直角三角形已經有了一個直角，所以我們需要釐清的是它的兩個銳角之和是

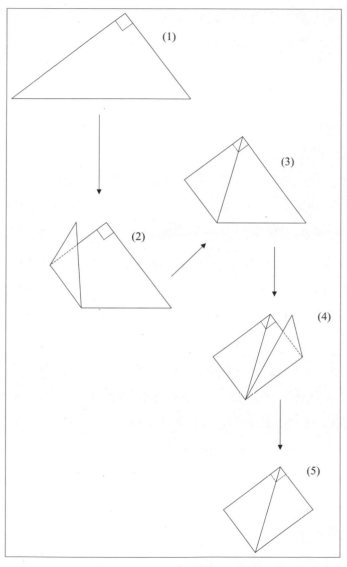

直角三角形的內角和等於 180 度

90 度（銳角是指小於 90 度的角，任何一個直角三角形除了一個直角之外，還有兩個銳角，常見的例子如三角板）。

　　正方形之後，再來看看長方形。實際上，生活中看到的長方形遠遠多於正方形。每天讀的書、用的練習本、課桌、黑板、講臺通通都是長方形。現在拿一張 A4 的紙，畫一條對角線。在對角線所在的直角，對角線把直角分成了兩個銳角，一個大，一個小。再看看對角線分割的兩個直角三角形，它們是一模一樣的直角三角形，只不過位置反了過來。先前那一大一小的兩個銳角根本就是個別直角三角形所有的兩個銳角，而這兩個銳角之和恰恰好就是 90 度。

　　有人可能不同意這樣的說明，或者覺得這樣的說法並不自明。的確，自明來自經驗，每個人的經驗或不相同，但是至少在歷史上，所謂內角和等於 180 度或者說直角三角形兩個銳角的和是 90 度的這件事一向為中國的數學家接受，甚至接受到不自覺的地步。任何人只要看看中國傳統對勾股弦定理（或畢氏定理）的證明就可以印證這樣的看法絕非空穴來風（參見梁宗巨，《數學歷史典故・勾股定理章》，臺北：九章出版社）。這些有關勾股弦定理的證明目前也都收錄在國中教科書裡，每一個收錄的證明都預先假設直角三角形的兩個銳角之和是

90 度。相信對於中國古代的數學家而言，直角三角形的兩個銳角之和等於 90 度是天經地義的事。

再回過頭來看一看原本的平行公設，它當然不能在歐氏幾何中消失，但是不妨與三角形內角和定理交換地位。在交換地位之前，先要重新說明什麼是平行。現在，由於已知任意三角形的內角和是 180 度，所以可以把平行的概念換個方式，表達成如果兩條直線同時垂直於第三條直線，則此二直線平行。在這樣的定義下，可以談論兩條線段是否平行，徹底解決了因為無限延長而帶來的困擾。事實上，臺灣現行的國中、小學教科書採取的正是這樣的定義方式。

最後，應該一提的是在橢圓型的非歐幾何中，三角形三內角的和大於 180 度（圖(B)），而在雙曲型的非歐幾

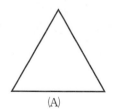
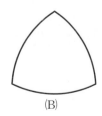
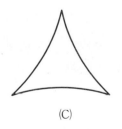

(A)   (B)   (C)

(A) 歐氏幾何：正三角形，三內角和等於 180 度
(B) 橢圓型非歐幾何：正三角形，三內角和大於 180 度
(C) 雙曲型非歐幾何：正三角形，三內角和小於 180 度

歐氏幾何與非歐幾何

何中，三角形三內角的和小於 180 度（圖(C)）。一言以蔽
之，從內角和出發來看古典幾何的特質是天經地義的切
入，一點都不奇怪。

柏拉圖支持尺規作圖

　　國中到底要不要學尺規作圖？如果要學，應該學多少？從現行的數學課程大綱看來，在升入高中之際，平面幾何的學習已經結束，進入坐標幾何。平面幾何中的一些重要定理（如畢氏定理，或稱商高定理）在升入高中之後仍然一再出現，但是平面幾何中的尺規作圖卻從此消失。如果尺規作圖只是扮演一個階段性的角色，那麼，它的地位究竟如何？

　　尺規作圖指的是只能用無刻度的尺和圓規來作出幾何圖形。作圖的時候，除了以尺作出直線，以圓規作圓之外，還會自然產生圖形與圖形之間的交點。這些新生的交點可以再連成直線，或是以這些點作為圓心。問題是作圓的時候，總要取一個半徑的長，這個長度不能隨便選擇，必須看已知的條件而定，這就是所謂無刻度的尺。但是「無刻度」這三個字可能會引起誤會。因為刻度是相對的概念；在尺規作圖的尺上可以根據題意規定

一個單位長的刻度。將此單位長的刻度定為 1，1 可以加倍，也可以細分，因此當然：1, 2, 3, 4...，乃至於分數的刻度都是容許的。問題出在非分數的刻度，例如 2 的平方根、2 的立方根，或是圓周率 π。利用尺規作圖，可以就已知的刻度作加、減、乘、除和開平方根的操作，所得到的結果都是容許的刻度。也就是說，這把尺上其實是有不少刻度，只不過刻度有限制，大小不能任意，至少 2 的立方根和圓周率 π 都不容許。以 2 的平方根為例，在尺規作圖的限制之下，必須要能作出一個兩股都是 1 的直角三角形，根據畢氏定理，這個直角三角形的斜邊長就是 2 的平方根。因此，最關鍵的操作在於作出直角，這部分要靠尺、規合作才能完成。了解數學發展的人大概都知道，2 的平方根的出現，對數的理解是一個關鍵性的突破。這也就是為什麼 2 的平方根不是分數的證明一直保留在高中的數學教材中。

就古希臘歷史考察，畢氏在先 (569B.C.-475B.C.)，尺規作圖在後：由伊諾皮迪斯 (Oenopidees, 480 B.C.?-?B.C.) 提出，並且在歐幾里得 (325B.C.-265B.C.) 的《幾何原本》之中以公設的形式規定下來。在伊氏與歐氏之間有柏拉圖 (Plato, 427 B.C.-347 B.C.)，柏氏亦主張作圖的工具只能是圓規和無刻度的尺。柏氏雖未提出幾何學上的任何發現，但是他對幾何學的推崇和看重，大

大的影響後世。據說在他的學院入口寫著：

不懂幾何的人，不能入此門。

　　柏氏支持尺規作圖的主張其實滿有意思。因為尺規作圖代表的是一種建構精神，強調的是在公設化演繹的結構中，從無到有時必須依據公設和演繹結果，一步步的向前推進，不能承認非建構出來的結論。比方說，在尺規作圖的限制之下，三等分任意角是不可能的。特別是從 60 度的角出發，無法以尺規作圖得出 20 度的角。所以可以說 20 度的角在平面幾何之中是不存在的。至於存在的，可以是從 90 度二分或再二分得出的角，如 45 度、22.5 度等等。可是柏氏又十分強調脫離直觀印象的純理性證明，這種純理性證明顯然是獨立於建構或事實上的存在。我們很難想像，在柏氏的心目中，會因為尺規作圖的限制而排除某些圖形。例如三個角度分別為 90 度、70 度和 20 度的直角三角形。柏氏曾經這樣說過：「……藉此進行推理，但是他們實際上思考的並不是這些圖形，而是類似於這些圖形的理想形象……。」換句話說，實作並不能涵蓋全然的真實，從實作中脫穎而出的概念是真實；概念與概念之間的維繫要靠推理，推理的結論是超越實際的真實。

　　這樣看來，尺規作圖的角色就很清楚了，它所提供的是平面幾何實作的部分，或者說在某些公設條件之下事實存在的部分。什麼是垂直呢？難道要能真正的作出垂線，才能說這就是垂直？其實，即使是作不出垂線，那也不要緊；因為垂直的概念可以是脫離垂直實在的理想概念。即使作不出垂線，也可以結論直角三角形三邊之間有勾股的平方和等於弦的平方這樣的定理。這就是所謂的畢氏定理，是幾何學中真正核心的定理，是脫離了尺規作圖之後，整個坐標幾何的基礎。

　　所以，要不要學尺規作圖？要學多少尺規作圖？柏氏的見解已經十分清楚。至少，在事實存在的部分，尺規作圖不能消失，可以看成是公設的一部分，不應輕言拋棄。

牛頓發明微積分

　　很多學科都需要用到數學，其中又以物理為最。所以大數學家阿提雅 (Micael Atiyah, 1929-) 說：「數學之外，與數學關係最密切的學科是物理。」數學和物理之所以關係密切，其根基在於微積分——自從牛頓發明微積分並且用於建構運動學（力學）模型以來，微積分不只是扮演了探究物理的理論和計算的工具，同時也提升了數學的內涵。用現代的話來說，就是把數學從高中的層次推進到大學，所以阿提雅又說：「數學教授應該好好教微積分，因為這是數學家為科學社群提供的最佳服務。」

　　為什麼微積分對物理的發展有這麼大的助力？大體上說來，有三個原因。首先，數學一向提供科學最精準的語言，微積分尤其如此。運動學中的位置、速度、加速度這些概念全由微積分提供，並且還包括了各種相對變化率的意義。其次，是微積分強大的計算威力。由於運動系統隨著時間如何演化是由一組微分方程式決定

的，應用微積分可以求出方程式的解，因而可以預測系統的發展。比方說一個棒球從 101 大樓頂端拋下，幾秒之後會落到地面？落到地面的時候速度如何？利用微積分可以非常簡明地得到答案（當然還要借助實驗來得到重力加速度的精確值）。最後，不要忘記牛頓的巧妙設計，透過運動定律 F = ma（力等於質量和加速度的乘積），牛頓把微積分和運動系統結合而寫下主宰運動學的微分方程式。

　　什麼是速度？速度是位置相對時間的變化率。日常生活中，大部分所經歷的並非等速運動。如果速度正在變化，這表示有加速度。加速度正是速度相對時間的變化率。比方坐火車，火車離開月臺，速度越來越快；火車進站，速度越來越慢。這兩段都有加速度。火車在中間的這一段，經常以直線等速運動前進。在等速運動時，加速度為零，乘客不會有受力的感覺。但是要離站或是到站的時候，速度的變化——也就是加速度，常常讓乘客感受一個額外的推力或阻力，所以牛頓的運動定律才說力與加速度成正比。

　　由於速度是位置相對時間的變化率，而加速度又是速度相對時間的變化率，因此加速度一方面既是位置相對時間的二階變化率，另一方面又正比於所受的力。二階變化率和力之間因此構成一個方程式，這個方程式就

是前面提到的 F = ma。方程式的內涵是說，力等於質量乘以位置的二階變化率。運動學中最重要的一個任務就是把這個方程式中位置與時間的關係完全解出。要知道，牛頓的運動定律只告訴我們位置對時間的二階變化率是什麼，必須要靠微積分的技巧才能將二階變化率還原位置和時間的關係。

用微積分的話來說，求一個量相對另一個量的變化率，叫做微分。所以先將位置對時間微分得到速度，又將速度對時間微分得到加速度，然後透過 F = ma，可以了解加速度的狀況（例如知道重力加速度是每秒平方 9.8 公尺）。但是最終的目標是要了解位置，因此，必須要從加速度反求速度，這個過程叫做積分。反求出速度之後，再做一次積分就可以反求出位置。微分和積分之間的關係，就好像加與減，乘與除，是互逆的。這個互逆的本質（稱為「微積分基本定理」）是由牛頓發明的，發明的時候，正值 1665 年倫敦地區鼠疫流行，牛頓因此離開劍橋，回到老家沃爾斯避難，這一年，牛頓才 23 歲。

數學界通常把微積分的發明同時歸功於牛頓和萊布尼茲 (Gottfried Wilhelm von Leibniz, 1646-1716)。就數學的觀點來說，兩人不分高下，但是就物理的角度而言，萊布尼茲並沒有在運動學或力學上作出貢獻。反倒是牛頓應用微積分和運動定律 F = ma，在萬有引力的想法下，

成功的解釋了天文學家刻卜勒所歸納的行星繞日三大定律。想來物理學界應該不會關心誰才是微積分的發明者，物理學家在意的應該是如何把微積分融於物理學之中。

微積分也確實不負眾望，從牛頓的時代開始，歷經運動學、流體力學、熱力學、電磁學，到上一個世紀初的廣義相對論和量子力學，微積分和微分方程式可以說是無役不與，這其中最輝煌的就是電磁學的馬克斯威爾方程式，廣義相對論的愛因斯坦方程式和量子力學的薛丁格方程式。（讀者若對上述經過有興趣，可參考高涌泉著，《另一種鼓聲》，臺北：三民書局，2003 年。）

阿提雅說得不錯，數學之外，與數學最親密的就是物理。

速成微積分如何速成？

　　《速成微積分》（英文原名 "Quick Calculus"）是一本奇書，看來毫不起眼，卻極具啟發。用廣告辭來說，正是：「兩個禮拜就能讓您歡喜上路。」眼下市場上發行的原文教科書競相比厚，動輒過千頁。標準的內容是十四章，每一章平均六節，去掉三章本地高中生學過的部分（錐線、極坐標與參數方程式、坐標幾何）大約有六十節。以每週兩節的進度，至少要學一整年，分量不可謂不重。至於中文教科書，以曹亮吉所編的《微積分》（臺北：歐亞出版社）為例，在省略了本地高中生學過的部分之後，少說也有四百多頁。教科書為何如此厚重？至少有兩個原因。第一是想要呈現微積分全貌，特別是為了廣泛的應用，不得不多編些內容。第二是顧及數學的嚴謹，因此必須花相當的篇幅來論說公式的合理性。可以這麼說，為了求全必須增加許多題材，為了嚴謹又必須增加許多論說。如此一來，書當然越編越厚。在這種

情形下，《速成微積分》到底如何簡約，才能在兩週之間，讓讀者歡喜上路呢？

　　先說本書的兩位作者，克里普納 (Daniel Kleppner) 和藍西 (Norman Ramsey, 1915-)。在出書的當時（1965 年）都任教於哈佛大學物理系。藍西是正教授，克里普納是助理教授。照兩人在本書序言裡的說法，寫書的目的本來是想幫助剛進大學部的物理系學生趕緊學一點微積分，上手以後立刻可以用在物理課程。所以作者謙稱：「（本書）不像大部分的微積分教科書，本書強調的是技巧和應用而非嚴謹的理論。」這裡要特別解釋「應用」這個語詞。一般而言，應用有兩個層次。一個層次是數學的練習，例如讀完課本以後作習題，（所以作者又說：「學微積分最好的方法就是作習題。」）另一個層次則是應用到其他的科目，此時最好的戰場是物理。比方大一開始學普通物理，要解自由落體，再學一陣子之後，要探討單擺的週期和單擺長度的關係，然後要處理萬有引力系統中的位能、動能和運動軌跡。一旦能夠將從微積分學得的技巧反覆在物理上「應用」，由生而熟，由熟生巧，自然能登堂入室，掌握微積分的要旨。事實上，本書所謂的應用只是數學學習的練習部分，並非指在其他領域如物理方面的應用，因此篇幅自然減少許多。

　　再說本書的編寫。它把一般教科書談單變數微分和

積分的部分分解成四百多個小格，每一小格大約花上半頁，一格只處理一個小題。這些小題一個接續一個有點像擺在電腦中的自學教材。例如，203 格是一個習題，204 格是答案。在 204 格的右下角寫著：「如果作對了，請直攻 206 格，否則請到 205 格請求協助。」——205 格是 203 格的詳解，206 格則是總結 203 格所得到的公式。

這四百個小格內容的配置是 1 到 96 格，複習初、高中與微積分相關的數學。舉一個極端的例子。第 4 格居然是問比 10 小的正整數中哪幾個是奇數，第 5 格是答案，它說 1, 3, 5, 7, 9。從 97 格到 288 格是微分，289 格到 402 格是積分，包括微積分基本定理。用功的學生用兩週的時間可以學會什麼是微分，什麼是積分，什麼是積分求面積，和微分與積分求面積的關聯。這四百格大致涵蓋了一般原文教科書的前三分之一。

四百格之後，有一個附錄，至少補充一些需要更嚴謹解釋的命題。整個風格非常適合初學者自修。作者在序言裡有幾句話值得一提：「這本書可以讓那些雄心勃勃想要跳進大學學習的高中生完美起跑。」也就是說，高中生讀了這本書之後，程度會非常接近大學，至少可以在大學微積分和物理的學習中站在比較好的起跑位置。

最後再回到《速成微積分》的作者。作者之一的藍西是 1989 年諾貝爾物理獎的得主。我有一年路過哈佛，

剛好碰到藍西的退休演講。他的開場白是說，在 19 世紀後半的時候，有一位法國的物理學家（我忘了他的名字）提出了一個問題：「單一的原子在運動時，是不是也服從牛頓的運動定律？」我還記得當他這麼說的時候，全場莫不動容。因為藍西要引領大家探索的正是從牛頓物理到量子力學的歷史長河。另一位作者克里普納甫於今年（2005 年）得到伍爾夫 (Wolf) 物理大獎，他在 1962 至 1966 年擔任哈佛物理系的助理教授，與藍西合寫《速成微積分》就在此時。之後他到麻省理工學院任副教授，1974 年升任教授以迄於今。

　　所以這本書至少還有三個特點。首先它的作者是物理學家。其次，它的作者在學術上的成就一流。第三，它的作者在教學上的貢獻也是一流。誰說研究與教學不能兩全。

■ 參考資料

駱傳孝譯，《速成微積分》，臺北：曉園出版社，1992 年。

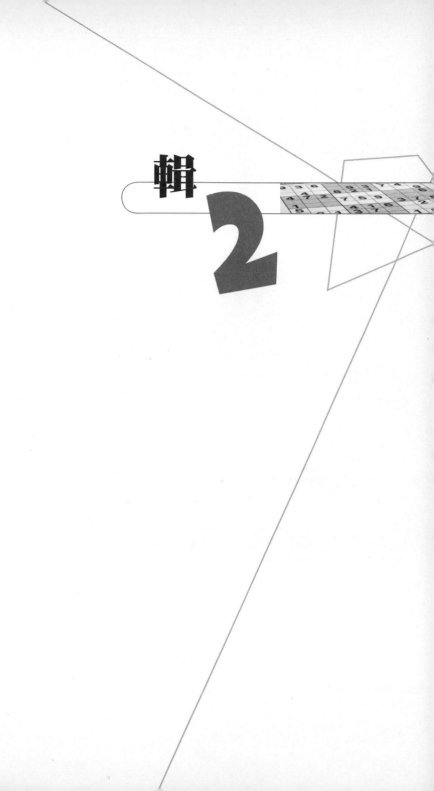

輯
2

撞球檯上的力學實驗

　　撞球在臺灣算是普及，就電視轉播的頻率來看，應該僅次於棒球和籃球，但就本土選手的能見度來比較，撞球絕對高於籃球。電視上常見的本土選手之中還包括了幾位世界級的女將。

　　撞球是一個三分靠腦力，七分靠手技的運動。由於球檯不大，又在室內，如果收費合理，確實老少咸宜。但是，對 50 歲上下的這一輩來說，撞球在他們青少年時期是一個被汙名化的活動。當時，中學生不可以到撞球場撞球，如果被教官或是少年組抓到，通常要記一個大過。在那個時代，經常可以看到可憐的父母在派出所向警察苦苦哀求，希望他們不要把案子送到學校。天曉得，這些中學生不過是在做物理實驗。

　　的確，學物理總是先學力學，質點在碰撞的時候要遵循動量不滅和能量不滅兩個原理。這兩個原理應用到撞球，可說是「速配」。原因是當母球（白球）與目標球

接觸的瞬間，目標球的方向因為接觸點而確定，因此整個系統的後續發展就被動量不滅和能量不滅這兩個原理掌控。不過這樣的考量只適用於檯面光滑的情形，也就是說假設母球是處在一個完全滑動的狀態。然而實際的狀況並非如此。比方說，撞球有所謂的拉桿。拉桿的時候，母球的質心向前走，但是母球卻向後旋。如果是正面撞擊目標球，母球會往後退。前所提及的動量不滅和能量不滅如果只是指母球和目標球質心的行為，就還不足以描述牽涉到母球自旋的狀況。

　　母球自旋在撞球檯上常見。一是前面提到的拉桿或推桿，母球一面前進，一面往後或往前旋。另一種狀況是往左或往右旋。大凡選手為了控制母球撞擊目標球之後的軌跡，都會讓母球自旋。母球一旦旋進，由於摩擦力的介入，對力學而言，複雜度立刻增加。所以當時物

撞球檯上——力學戰場？(©ShutterStock)

理老師總是不忘提醒同學，力學真正的戰場在撞球場
——如果不怕被記大過的話。

　　撞球場中另一個常見的原理就是所謂的入射角等於
反射角。當母球撞擊邊墊 (cushion) 的時候，反射路線與
入射路線之間是對稱的。這個原理也稱為光學原理，不
但通用於解球，也通用於灌球。

　　說到解球，解球是因應對手吊球之後的處理。吊球
是指將母球與目標球之間，以其他的子球阻隔。解球除
了將母球利用邊墊反射撞擊目標球之外，還可以打跳球。
跳球要靠剁桿，剁桿的時候，選手以短桿進行，把母球
剁向檯面讓球一躍而起，越過前面的阻隔飛向目標球，
是相當困難的技巧。

　　撞球場上常用的辭彙多年來自然形成，已然是球場
文化的一部分。以桿結尾的術語有高桿、中桿、低桿、
推桿、定桿、拉桿、剁桿、滑桿，而以球結尾的術語有
衝球、做球、吊球、安全球、解球、跳球、灌球、打直
球、打半顆球、打薄球、打組合球。打組合球是指以母
球先撞擊其他的子球，再以子球去撞擊目標球。這種打
法叫 kiss（接吻），或以中文辭彙來說，叫打組合球。至
於仍然保留英譯的詞有「下塞」，指的是以側擊打旋進的
球，塞是英文 side 的音譯。另外還有一個詞叫顆星，指
的是邊墊，如果撞到邊就叫顆星，連續兩次撞到邊叫兩

顆星，是相當傳神的音譯。擦桿頭的 chalk 則譯為巧克；所以在聽播報員轉播的時候可能出現這樣的句子:「柳選手擦完巧克之後，下左塞，推桿，將 1 號球薄進，然後母球走兩顆星，將 2 號球做到了底袋。」

　　從撞球界辭彙的使用不難感受到這個運動已經完全本土化。較諸美國大聯盟之於本土棒球，美國 NBA 之於本土籃球，撞球運動的本土性當推第一。

刻卜勒與二體問題

　　宇宙中有數不清的物體在運動，它們之間的作用力不只一端。假設它們之間的作用力只有重力或萬有引力，並且更進一步假設它們都是以質點（不占體積但是具有質量）的形態現身；所謂多體問題就是要求回答這些質點在同一時間給定了位置和速度之後，運動系統如何演化？

　　多體問題最簡單的形式是二體問題。意思是說宇宙之中只有兩個質點，以萬有引力互相吸引，請問如何描述各個質點的運動？以現代的語言來說，刻卜勒最早論及的，就是太陽和火星的二體問題。

　　如果宇宙之中只有一個太陽和一個行星，刻卜勒得到的結論有二。第一，行星繞日的軌道是一個橢圓；第二，單位時間內，行星在繞日的軌道上，不管在哪一點，以太陽為中心所掃過的面積大小固定。有關軌道不是圓形的現象早為人知，主要是因為人們觀察到行星在繞日

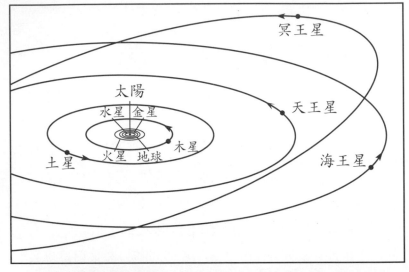

太陽系九大行星軌道圖。行星繞日的軌道為什麼不是圓形？

之間有所謂的近日點和遠日點，並且在近日點跑得比較快。以地球而言，遠日點只是近日點距離的 1.03 倍，但是火星的遠日點和近日點距離之比卻高達 1.2。可以這麼說，行星繞日的軌道不太可能是圓形。但是，如果不是圓形，那會是什麼形狀呢？

　　刻卜勒的前輩天文學家第谷 (Brahe Tycho, 1546-1601) 在去世前的最後一年多聘請刻卜勒為助手，指導刻卜勒研究火星。選擇火星的一個好理由是火星的軌道不像是一個圓（水星的軌道雖然也很不圓，但是由於太接近太陽，比較不容易觀測）。由於太陽在地球之前，

火星在地球之後，如果分別在正午和夜半的時候記下太陽和火星的方位，至少可以了解太陽、火星和地球的相對關係。

根據《大美百科全書》「太陽系」這一條目對刻卜勒工作的說明，刻卜勒當時確實得到了火星繞日的近似軌道。他先假設地球繞日的軌道是一個圓（這是一個近似，若無此假設，後續的工作便無法進行）。然後他注意到從一次太陽地球火星三連星到下一次三連星的間隔是 780 天。如果我們把地球想成是短針，火星想成是長針，從一次長短針重合到下一次長短針重合需時 780 天。因為知道短針走一圈要 365 天，用簡單的算術便可以算出長針走一圈要 686 天。

刻卜勒因此以 686 天作為火星繞太陽一圈所需要的時間。現在的資料顯示火星年是地球年的 1.88 倍，近似值是 686.2 天。

刻卜勒接著持續觀測火星方位，特別是每隔 686 天對火星同一個位置方位的兩次觀測。注意到每隔 686 天，地球其實是在軌道上不同的位置，這兩次觀察的方位延伸出去的交點就是火星的位置。照《大美百科全書》的說法，刻卜勒繪出了數百個火星的位置，這至少顯示刻卜勒大概從來沒有在晚上睡過覺。

刻卜勒把這些位置連起來，它們不在一個圓上。刻

卜勒為什麼能夠結論火星的軌道是一個橢圓？想必經過
許多嘗試。不過，任何一個了解橢圓性質的人（如刻卜
勒），如果能夠指出火星軌道上 686 個位置——每一天的
位置都很清楚的話，應該會看出軌道是一個橢圓，太陽
居於橢圓的兩個焦點之一，並且單位時間掃過的面積一
定。換句話說，雖然橢圓的結論驚人，但是如果觀測的
資料豐富，再佐以足夠的數學知識，至少可以歸納出有
發展性的結論。這個結論引導牛頓發現萬有引力定律：
任意兩個物體之間的引力與其質量的乘積成正比，而與
其間距離的平方成反比。

　　從刻卜勒的天文觀測到牛頓的萬有引力，有如從一
個山峰飛渡另一個山峰，中間怎麼過來？這只能用牛頓
自己的話來說明：

　　……因為站在巨人的肩上。("...by standing upon
the shoulders of Giants.")

　　萬有引力定律一旦提出，數學家立刻有了新的戰場。
二體問題已如上述，下一步當然就是三體問題。

　　從那個時候開始，許多重要的數學家如尤拉、拉格
朗日 (Joseph-Louis Lagrange, 1736-1813)、希爾 (George
William Hill, 1838-1914)、龐加萊 (Jules Henri Poincaré,

1854-1912) 等人都先後投入研究，因為這是一個源自物理但又作了適度剪裁的好問題。其中最基本的問題就是：在月亮加入之後，如何影響地球繞日的軌道？這個問題絕不像刻卜勒二體問題那麼簡單，但卻是二體問題解決之後首先必須面對的問題。

夏志宏終結百年探索

夏志宏教授 (Xia, Zhi Hong, 1962-) 畢業於南京大學天文系，1980 年代到美國留學，在西北大學數學系跟隨研究天體力學的知名學者 D. Sarri 作博士論文。1987 年他把一篇上百頁的論文投到普林斯頓大學出版的期刊《數學年報》(Annals of Mathematics)。歷經五年的審稿和修稿，終於在 1992 年刊登，定稿共 58 頁，被譽為一篇終結百年探索的論文。

夏文探索的是有上百年歷史的潘拉偉猜想 (Painlevé's Conjecture)。潘拉偉 (Paul Painlevé, 1863-1933) 在 1895 年前後擔任巴黎大學教授的時候，解決了三體問題中一個長久以來的懸案，就是在萬有引力的作用下，三個質點之一會不會在有限的時間中奔向無窮？潘氏的答案是「不會」，但是潘氏猜測在四體以上的情形，有可能「會」，不過他找不出「會」的例子。一百年之後，夏志宏的論文證明了在五體以上的情形，潘氏的猜測是正

確的。

最早對二體問題作出貢獻的是刻卜勒和牛頓。二體問題只討論兩個質點，各具質量，在萬有引力之下，給定初始條件，嘗試解出質點後續的發展。如果質點之一是太陽，之二是火星，刻卜勒觀察到火星繞日的軌道是一個橢圓。事實上，在太陽系中，只要是繞太陽轉的，軌道基本上都是橢圓（參見本書 116 頁圖），只不過這些橢圓的偏心率（或離心率）大小不同。以哈雷彗星為例，軌道的偏心率很大，是一個很扁的橢圓，範圍從金星軌道內一直延伸到海王星的軌道外，要 70 幾年才繞太陽一圈。雖然海王星繞太陽一圈比地球繞太陽一圈的時間更長（165 年），可是海王星的軌道反而比地球的軌道更接近圓。

不過，橢圓軌道代表的只是二體問題的一部分面貌，可以說是被太陽牢牢束縛住的情形，也就是說，速度不夠無法脫離，只好繞著太陽打圈圈。如果把太陽的角色換成地球，而把行星的角色換成人造衛星，情形類似，衛星也繞著地球跑，但是如果從地球上發射一枚火箭，速度快到每秒 11 公里，就可以脫離地球，只是需要無窮大的時間，或者說在有限的時間之內，仍然受到地球的影響。原因是照二體問題的假設，宇宙間只有地球和火箭二者，當火箭出發的時候，雖然速度很快，可是受到

地心引力的拉扯，高度可以越來越高，速度反而越來越慢。脫離地球意指火箭的高度要到達無窮大，但是由於速度越來越慢，要提升到無窮的高度，自然需要無窮的時間；可以這麼說，二體系統內部只有相互之間的引力，因此縱使能夠脫離，也不可能一面脫離一面又加快脫離的速度。三體或四體以上的情形就不是這麼單純，有可能一面脫離同時一面加速。

假想三體是地球、月球和從月球上向著地球方向發射的一枚速度相當快的火箭，假設這個速度可以脫離月球的束縛，但是在脫離的過程中，速度漸漸變慢，想像速度變慢的時候火箭漸漸接近地球，並且受到地球的引力，因而速度再度加快而衝向地球。

如果方向得當，能夠從地球旁邊掠過，然後再繞回來又衝向月球，如此一來一往，等於是把地球和月球看成是兩個加速器，似乎有可能將火箭的速度加快，而漸漸脫離地球和月球的束縛。不過潘拉偉在 1895 年提出的證明，否定了火箭可以在有限的時間脫離地球和月球，因為速度雖然可以加快，但是加快的幅度還是不夠；可以脫離，但是需要無窮的時間。

潘拉偉的證明只限於三體，但是他猜測如果是四體以上，例如太陽、地球、月球和火箭，火箭也許可以得到一個持續加大的速度，而在有限的時間中，完全脫離

太陽系。不過此處應該先聲明，所謂四體或五體問題是
一個純粹的數學問題，這個問題的解決當然有助於天文
物理，但是因為是數學問題，或者說是一個解聯立微分
方程式的問題，因此質點的質量可以任意指定，並且初
始的位置和速度可以任意安排，最重要的是當質量給定，
位置和速度也給定之後，要能回答系統隨後演化的情
形。

　　夏志宏在 1992 年發表的論文中，談論的是一個五體
系統，五體中有四體質量相同，分成甲、乙和丙、丁兩
組，各成一個雙星系統。甲、乙互繞，丙、丁互繞，兩
組相隔一段距離。第五個質點戊的質量比前四個都小得
多，它在兩組之間跑來跑去，有如先前介紹的火箭在地
球和月球之間振盪。夏志宏把地球和月球各換成一個雙
星系統，證明了確有一些初始條件會讓這兩組雙星在有
限時間內分開到無窮遠的距離，或者說完全脫離對方的
萬有引力範圍。夏志宏舉出的例子，照他自己的說法，
可以比成打網球，甲乙雙星和丙丁雙星各是一把網球
拍，質點戊是網球，兩把網球拍一面打一面後退，終至拉大
距離到不相干的程度。

　　1996 年兩位數學教授 Diacu 和 Holmes 合寫了一本
數學普及讀物《與天文相遇》(*Celestial Encounters*) 由普林
斯頓大學出版，內文中闡述了夏氏的成就，並且譽為

"the end of a century's quest"（百年探索的終結）。夏氏在西北大學畢業之後，先任哈佛大學的助理教授，再到喬治亞理工學院任職，1994 年西北大學聘夏志宏為終身教授，夏志宏可謂實至名歸。

伽利略的斜塔和斜面

　　出生於義大利比薩的伽利略是牛頓之前最重要的物理學家；17 歲的時候入比薩大學習醫，四年後 (1585) 因興趣不合退學，回到佛羅倫斯老家，擔任數學家教。1589 年起受聘為比薩大學的數學教授，主授希臘天文學家托勒密（Claudius Ptolemy, 公元 1 世紀）的理論。1592 年轉任帕多瓦大學的數學教授，1610 年再回到佛羅倫斯，擔任托斯干大公 (Grand Duke of Tuscany) 的數學首席顧問。

　　伽利略最為人津津樂道的故事，是在 1590 年的某一天，爬上比薩斜塔高 30 多公尺的 7 層陽臺，在比薩大學的師生面前同時拋下兩顆輕重不一的球，結果這兩顆球同時落地。實驗的結果否定了自古以來亞里斯多德的看法：物體落下的速度和它的重量成正比，越重的東西落下的速度越快。

　　伽利略是否真的爬上比薩斜塔作了實驗，科學史界

迭有爭論，這件軼事一如牛頓看到蘋果落地而產生萬有引力想法的傳說。

　　一般在課堂上，物理老師如果要推翻亞里斯多德的看法，通常會進行下面的演示。老師先把一個球和一張紙片從手中同時放下，由於球落到地面顯然比紙張快了許多，這似乎支持亞里斯多德的看法——重的東西掉得比較快。但是當老師把紙張揉成一團和球一起再丟一次，這一次可以非常清楚的看到紙團和球同時著地。

　　看來，伽利略似乎沒有必要爬那麼高才能推翻亞里斯多德，並且伽利略也未必是第一個推翻亞里斯多德的人，伽利略最大的貢獻在於發現了自由落體的運動定律，這個運動定律說明自由落體所經歷的高度，正比於所經歷時間的平方。換句話說，知道輕重不一的球同時落地，只是一個定性的結論。物理定律不能離開定量的探討——如果所有的球都同時落地的話，請問到底要經過多少時間？

　　由於自由落體垂直下降的速度太快（從比薩斜塔上掉到地面要不了 3 秒鐘），在伽利略的時代根本無法測量，尤其是當時並沒有近代的鐘。伽利略想了一個聰明的辦法，他用了一個長達 7 公尺的板子搭成一個很小的角度，讓球沿斜面滾下，以一個水鐘（滴漏）計時，伽利略記錄下來每一個時刻球的位置，從而驗證了自由落

體的運動定律,即移動的距離與時間的平方成正比。

為什麼斜的面可以說明原本垂直落下的運動?那是因為在傾斜面的時候,原來垂直向下的重力加速度,因為傾斜的板子而「稀釋」了一定的倍數。例如,如果板子和地面的夾角是 30 度的話,加速度就會減半,減半當然還是太快,如果夾角變成 5 度,加速度大約會減成原來的十二分之一,此時球從板頂滾下來的時間大致延長為 5 秒,觀測的時候比較從容。又因為傾斜的木板幾近水平,觀測或記錄者只要作水平方向的移動,以便在每一個時刻標下球的位置。雖然球在滾下的時候,還多了一分滾動的效果,但是不會影響距離與時間平方成正比的關係。

事實上,伽利略從實驗中發現,球在每個時段中,依序滾過的距離與奇數 1, 3, 5, 7... 成正比,因此在每個時段球所經過的總距離分別與 1, 1 + 3, 1 + 3 + 5, 1 + 3 + 5 + 7 成正比,也就是與 1, 2, 3, 4 的平方成正比。

現在,自由落體的運動規律已經降為國中的教材。在實驗室裡,學生利用打點計時器,在下墜物所連接的紙條上每六十分之一秒打一點。由於計時器的改進,整個裝置只要固定在桌角,從 1 公尺的高度落下,大約需要半秒鐘的時間。可是在這半秒鐘,計時器已經在 1 公尺的紙條上打了三十個點,其精準可想而知。

　　確實，現在的學生所能看到的已經遠遠超過了伽利略的時代。但是，實驗設計的能力卻未必超越，這也是為什麼伽利略被尊稱為近代實驗科學的奠基者 (Founder of modern experimental science)，因為伽利略能利用實驗看到別人看不到的現象，這需要相當的巧思，巧思的背後蘊涵了伽利略對物理現象的分析，特別是利用當時發展有限的數學——不要忘了，當時微積分尚未發明，微積分的發明者之一牛頓剛好在伽利略逝世的這一年誕生。掌握微積分對牛頓來說，自然是如虎添翼，不論是在數學技巧或是思想方法上都是一個新的突破。

佛科擺證明地球自轉

　　地球每 24 小時自轉一圈,證據之一就是太陽自東方升起，在西方落下。不過古人並不這麼想，他們認為地球不動，動的是太陽。太陽繞著地球轉，一天轉一圈。這種想法到了哥白尼 (Nicolaus Copernicus, 1473-1543) 提出「日心說」之後就不再成立。現在我們都相信是地球繞著太陽公轉，每 365 天轉一圈。如果相信日心說，地球就一定要自轉，原因是繞太陽公轉一圈需時 365 天，每一天太陽相對的角度變化不到一度。如果地球不自轉，我們看到的太陽一定懸在空中，動也不動。所以地球真的在自轉，只是不像在遊樂場騎旋轉木馬，我們完全感覺不到。

　　地球自轉的另一個證據是颱風的旋轉效應。從衛星空照拍到的颱風照片，在北半球會逆時針旋轉。當然也有人質疑，認為那不過是颱風自己在轉。如果地球真的在轉，為什麼不能拍一串地球自轉的連續畫面給我們看?

其實，衛星空照是近五十年來才有的高科技，在此之前哪裡拍得到颱風雲雨的空照圖？倒是物理學家佛科 (Jean Bernard Léon Foucault, 1819-1868) 早在 1851 年就設計了一個佛科擺 (Foucault Pendulum) 來證明地球的自轉。佛科的想法非常深刻，而佛科擺的設計卻非常簡單，可以說是小兵立大功的典型實驗。

　　佛科在 1851 年從巴黎先賢祠 (Pantheon，或譯「萬神廟」。是一座大教堂) 的球形屋頂上以一根長達 67 公尺的鋼絲下懸一個 28 公斤的鐵球，然後讓這個鐵球來回擺動。擺動的時候，想像鐵球與鋼絲畫出一個擺面，這個擺面會隨著時間慢慢旋轉。在巴黎 (北緯 40.5 度)，每

巴黎先賢祠外觀 (©ShutterStock)

小時大概轉 11 度左右，歷時 32 小時轉一圈，回到原狀。如果把這個佛科擺搬到北極（北緯 90 度），由於地球在擺下自轉，我們會看到佛科擺的擺面剛好每 24 小時轉一圈。

照理說，在佛科的年代，人們已經接受了地球繞太陽公轉的事實，因此單憑日升日落就足以推論地球的自轉。但是佛科的想法顯然更進一步，他所探討的是以牛頓運動定律為基礎，而發展的力學模型中一個很重要的思維，就是地球表面到底是不是一個慣性系統？

什麼是慣性系統？牛頓第一運動定律說：在無外力作用之下靜者恆靜，動者恆動，並且維持等速直線運動，這就是慣性系統的特徵。我們現在知道，因為地球自轉，所以地球不能算是一個慣性系統。但是如何證明？

運動學（力學）到了佛科的年代，搭配微積分的發展已經非常成熟。有一位幾乎與佛科同時的法國物理學家科里奧利（Gaspard-Gustave Coriolis, 1792-1843），在 1835 年根據力學提出了「科里奧利力」的主張。這個主張是說，在一個轉動的系統中，會有一個額外的效應發生，對直線運動的物體產生垂直方向的推力，推力的大小與速度成正比。這就好像在一個唱片轉盤上，從中心往邊緣滑出的一顆彈珠，轉盤上的觀察者會看到彈珠進行的方向發生了偏折，剛好相反於轉盤旋轉的方向。佛

科擺也是如此，在北半球，由於地球是由西向東旋轉，因此我們看到佛科擺的擺面反而由東擺向西，所以是順時鐘旋轉。佛科擺所展示的意義還不只此，根據科里奧利的理論，佛科擺擺面旋轉的速度和緯度有關，如果在北極，24 小時轉一圈，如果在紐奧良（北緯 30 度），48小時轉一圈。臺北由於位處北緯 25 度，約需 60 小時才能轉一圈。因此從不同地點懸掛的佛科擺的轉速可以驗證在力學模型中，通過微積分的計算，所得到的科里奧利力的主張是否正確。換句話說，力學模型的建立是奠基於運動定律和微積分的結合，一旦結合，數學的計算便扮演了重要的工具，由此而得的結論（如科里奧利力）仍然需要回到實驗室，仔細的驗證。驗證成功，代表模型暫時正確，可以繼續推論，預測各種現象。佛科擺的設計正是如此，它驗證了力學模型對轉動系統定性和定量兩方面的結論。

早年，在建國中學對面的科學館中也掛著這樣的一個佛科擺。巨大的球從屋頂懸下，來回不停的擺動。球下方的地板刻畫有角度，預測每一小時之後，新的擺動方向。我曾經和許多觀眾一起站在擺前看著巨大的球來回擺動。作為地球的子民，能夠從佛科擺方向的改變理解身處的地球正在轉動，是畢生難忘的經驗。

地球繞太陽回不到起點

　　地球繞太陽公轉，周而復始，這是「年」的意義。
不過，此處所謂的周而復始至少有兩個看法，應該仔細
說明。

　　首先，如果把地球繞日想成是地球在一個橢圓形（近
似圓形）的跑道上繞圈圈，那麼周而復始指的是回到起
跑點。但是，人們對周而復始的期望恐怕不只是單單位
置上的回到起跑點，多半還要加上氣候或季節上的回歸
原點。這個意思是說，如果把每年的日曆都定好了，那
麼每年的 1 月 1 日氣候總不能相差太遠。不能說一百年
前過年的時候是冬天，現在過年的時候已經變成夏天。
因此，所謂年的定義最後還是得尊重季節的回歸，將一
年定成是從春分到春分（西方），或是從冬至到冬至（中
國）的公轉歷程。

　　因為地球繞太陽時地軸（地球的自轉軸）與黃道（地
球繞日公轉的平面）有 23.5 度的傾斜，傾斜影響了日照，

因而有了季節變化。當地球回到繞日的起跑點時，照理，季節的變化也會回歸原點。換句話說，如果地球從春分這一點出發，繞行太陽一圈之後，回到起跑點，季節上應該還是春分。但是事實並非如此，當地球回到起跑點的時刻，春分已經過去了 0.014 天（約 20 分鐘）。

　　古人雖然是從地球的觀點來看太陽，由於地軸的傾斜，同樣的，也發現了太陽非常穩定的在南、北之間移動。當太陽移到最南的時候（南回歸線，南緯 23.5 度）是所謂的冬至，移到最北的時候（北回歸線，北緯 23.5 度）是所謂的夏至。在此之間，太陽兩次經過赤道：3 月 21 日前後的這一次稱為春分，9 月 23 日前後的這一次稱為秋分。冬夏至和春秋分可以說是季節上最重要的劃分。

　　想像時刻正值去年的春分，太陽直射赤道，準備北進。地球同時從跑道上起跑，繞行太陽。太陽漸漸北移，到了夏至（約在 6 月 21 日），太陽開始南移。9 月 23 日，太陽南向通過赤道。就公轉而言，從 3 月出發，到了 9 月，地球已行其半，下一個重要的位置就是 12 月 22 日前後的冬至。冬至之後，太陽北返，大約在三個月之後再度通過赤道，正是今年的春分。但是此刻地球卻還沒有回到去年春分的起跑點。從去年的春分到今年的春分，地球已經走了 365.242 天，還要再走大約 20 分鐘，才能

回到去年春分的起跑點。回到起跑點時，地球總共走了
365.256 天。

　　從春分走到春分稱為回歸年或太陽年，從起跑點走
到起跑點則稱為恆星年。後者要比前者長 20 分鐘。這個
差異西方人稱為春分進動 (precession of the equinoxes)，
中國人稱為歲差；之所以會有歲差，主要是因為地球在
繞行太陽的時候，地軸的方向並非一成不變，而是有輕
微的擺動——正如陀螺旋轉的時候，中心軸也會有小幅
的擺動。這個小幅擺動的現象稱為「進動」(precession，
或譯為「旋進」)。當地軸在旋進的時候，赤道所決定的
面由於和地軸垂直，因此也跟著擺動，結果影響了太陽
再度通過赤道的位置。

　　春分，就位置而言，就是指春天的時候，太陽通過
赤道的那一點。這一個點每一年會在赤道上略向西移，
移的角度大約 50 秒（3 千 6 百秒相當 1 度），需要 2 萬
6 千年才能移一圈。換句話說，要經過 2 萬 6 千年，地
球才會在春分的時候剛好回到當年繞行太陽的起跑點。
2 萬 6 千年雖然是一段漫長的時間，但是大自然卻經常
自動洩露它的祕密。根據《大美百科全書》，在二千年前
春分的時候，太陽的位置在白羊座（Aries，或譯牡羊座），
所以生日在 3 月 21 日到 4 月 19 日的屬於這個星座。但
是現在，春分的時候，太陽的位置已經移到了雙魚座

(Pisces)。事實上，每一個星座都向前移了一個位置；例如 12 月份太陽應該在射手座，但是現在的太陽 12 月初的時候是待在天蠍座。只是這一類大尺度的現象，在日常生活中很難察覺，以星座談論命運的人們當然更不會在意。

光每秒走 30 萬公里

　　愛因斯坦 (Albert Einstein, 1879-1955) 在 1905 年提出的特殊相對論基於兩個假設。為了說明這兩個假設，我們假想有一列火車以等速通過月臺，特殊相對論的第一個假設是說：在火車上和月臺上有相同的物理定律；第二個假設是說，從火車上順向或逆向發出一束光，無論是在月臺上或火車上的觀測者所測得的光速都與火車的速度無關，永遠是每秒 30 萬公里。

　　第一個假設容易接受。我們在月臺上吃便當，我們也在火車上吃便當，只要火車是等速前進，我們感受不到任何差異。火車上的旅客甚至以為，是月臺在倒退，而不是火車在前進。第二個假設就不同了，看起來非常弔詭。棒球投手在月臺上投球，球速每小時 150 公里。現在，投手改為站在火車上順向或逆向投球。照理說，月臺上的觀眾應該量到大於或小於 150 公里的時速。但是對不起，如果棒球是光，不管順向投出，還是逆向投

出，結果都是每秒 30 萬公里。這個假設順便也宣告了光速是物體運動速度的上限。

根據 J. David Jackson 寫的《古典電磁學》第 3 版第 523 頁所述，1964 年在歐洲核子研究中心 (CERN) 完成的一項實驗，證實了第二個假設——光速與光源的速度無關。

不過，由於愛因斯坦提出這個看法時過於前衛，科學界普遍無法接受。派依斯 (Abraham Pais, 1918-2000) 在所著《愛因斯坦傳》(*The Science and the Life of Albert Einstein*) 談到大化學家奧斯特瓦爾德 (F. W. Ostwald,1853-1932) 分別在 1910 年、1912 年和 1913 年三度以愛因斯坦在相對論上的成就推薦他為諾貝爾物理獎的候選者。在 1910 年的時候，奧氏推許相對論是繼能量（守恆）原理之後最偉大的概念。1912 年再度提名愛因斯坦，奧氏強調「相對論將人類從數千年的枷鎖中解放出來」("Relativity frees man from bonds, many thousands of years old." 前揭書，p.506)。1913 年第三次推薦，奧氏談到：相對論絕非像有些人所言，屬於哲學的範疇，而是物理上的重大成就。奧氏並且將愛因斯坦的成就比美於哥白尼（日心說）和達爾文 (C. R. Darwin, 1809-1882)（演化論）。奧氏之言相當中肯。

為什麼相對論牽涉到哲學的範疇?最主要是因為「光

速是常數」這件事直搗時間的本質，並且把「什麼是時間」這個問題從哲學中完全拉出而歸於物理，雖然哲學家並不一定認同。

向古以來，時間的量度其實都是靠空間的位移。大尺度的年，代表地球公轉回到原點。中尺度的天，代表地球自轉一圈。沙漏、水漏是沙或水體積的變化。鐘擺是看擺受到重力影響下墜又升起的狀態。時鐘則是看指針如何劃過鐘面。

就以分針劃過鐘面來說，分針的速度扮演了重要的角色。如果分針跑得快了些，那從 12 走到 12 就不到 1 小時。可是什麼是分針的速度？那不就是 1 小時走幾格嗎？所以在這裡，我們看到原來時間和速度是一體兩面：距離除以所走的時間是速度，而距離除以速度又得到時間。

比方電聯車從基隆站出發駛向臺北，基隆到臺北之間的距離是 30 公里；電聯車在 7 點出發的時候，基隆站廣播說：「各位旅客，本列車將以每分鐘 1 公里的速度將各位平安載到臺北。」車到臺北的時候，臺北站又廣播說：「歡迎各位蒞臨臺北，現在時間是 7 點 30 分。」你可以說 30 分鐘的時間走了 30 公里，所以速度是每分鐘 1 公里。你也可以說，因為速度是每分鐘 1 公里，所以要花 30 分鐘才能走完全程。

　　由於無論是坐在火車上或是在月臺上，長度或距離都是各自系統中穩定的概念，又因為時間和速度的乘積等於距離，所以如果要在各自的系統中定義時間，最好能有一個放諸四海而皆準的速度。這個速度，就是光速，同為光速在任何一個慣性系統中，都是每秒 30 萬公里。

　　光速確定了以後，在各自的系統中藉著距離或長度就可以定義時間。時間的定義就是看光走了多少距離。

　　現在，我們回到看起來比較哲學的問題，時間到底是不是一個絕對的概念？也就是說根據上面的定義，在月臺上和在火車上所量的時間是不是一樣？

　　假想我們的火車對坐在火車尾巴的旅客甲而言，長度是 30 萬公里，並且正在通過月臺。當車尾通過站牌的時候，站在站牌邊的站務員乙和旅客甲同時向前放出一束光。對甲而言，這束光將在火車上的 1 秒之後到達車頭。由於乙發出的光與甲發出的光同步，因此當甲光到達車頭的時候，乙光也到達車頭。如果時間是絕對的概念，那麼距離（火車的長度）同樣也變成了絕對的概念。我們因而發現，在絕對概念的支持下，乙光也花了 1 秒到達車頭。但是，由於火車的持續前進，導致乙光在 1 秒之中行進的距離多於 30 萬公里。也就是說，乙光的光速超過了每秒 30 萬公里，而違背了相對論的第二個假設。因此，時間不應該是絕對的概念，當然，距離也不

是絕對的概念。

結論很清楚,光速是絕對的。火車上所言的時間和距離較諸月臺上所言是相對的。在喪失了時間絕對意義的同時,人類難免一時困惑,此所以奧斯特瓦爾德要將相對論譽為解放人類思想的巨作。

輯

3

愛因斯坦與數學

天文物理學家丘宏義在為 *Coming of Age in the Milky Way* 中譯本寫的導讀中，談到了一則數學家陳省身私下對愛因斯坦統一場論的評語，陳省身說:「我不知道他的物理如何，可是數學不過如此。」

愛因斯坦，人類歷史上第一位深刻認識時空的物理學家，他的數學功力究竟如何? 照愛氏自己的說法，他在 16 歲之前就已經學會了歐氏幾何和微積分,不過由於對物理的興趣，愛氏一直把數學看成是提供物理思考的語言和協助物理理論推演的工具。這和一般數學家把數學本身作為研究對象的態度大不相同。

但是，愛氏年輕時對數學的看法到了後來卻有相當大的轉變。1933 年在牛津大學演講「理論物理方法」時，他說:

我堅信純粹數學的建構可以使我們發現觀念和

聯繫觀念之間的法則，開啟我們對自然現象的
理解⋯⋯。

可能因為這種想法過分強調了數學在理解自然規律
過程中的主導性，許多物理學家並不贊同。

其實愛因斯坦對數學的推崇與他研究廣義相對論時
的數學體驗有關。

1913 年，愛氏和蘇黎世工業大學的數學教授格羅斯
曼 (Marcel Grossman, 1878-1936) 在德國《數學和物理》
期刊共同發表了第一篇有關廣義相對論的論文。這篇文
章分成物理和數學兩部分，分由愛因斯坦和格羅斯曼執
筆。根據愛氏在普林斯頓的同事派依斯的回憶，愛氏由
於了解到所有的坐標系統都是等效的，因此求助於格羅
斯曼是否有一套新的幾何學來處理坐標變換的種種問
題。格羅斯曼找到了「黎曼幾何」（又稱「微分幾何」）
的理論架構，幫助愛因斯坦完成了這篇論文數學的部分。
愛氏在另一篇文章〈廣義相對論的基礎〉中也特別提到：

⋯⋯感謝我的朋友數學家格羅斯曼，他不僅幫
我研究了有關的數學文獻，並且在探索重力場
方程式方面也給了我大力的支持。

　　為什麼黎曼幾何學在時空的研究中如此重要？在牛頓的時代，時間和空間是分開的概念，空間中的許多現象都是以歐氏幾何為基礎來理解的。這樣的理解可以充分涵蓋慣性坐標系的概念。但是到了愛因斯坦，時空已然糾結在一塊，變成了一個四維的連續統，再加上所謂的「等效原理」把重力場等同於加速度場之後，物理定律的考量不能只限於慣性坐標系。簡單的說，一旦開始考量一般的坐標變換，就必須走出歐氏幾何，迎向一個更寬廣的幾何概念。這個新的幾何概念先是發端於高斯的曲面論，再由黎曼推廣到最一般的空間。

　　1854 年，黎曼面對哥廷根大學教授團（當天高斯也列席其中）發表擔任「不支薪講師」的就職演講，演講的題目是「論幾何學基礎的假說」，這篇演講闡明了幾何的意義，揚棄了歐氏幾何的包袱，在比歐氏幾何更深刻的思想基礎下，大步向前，為日後微分幾何（黎曼幾何）的發展指出了重要的方向。

　　在經歷了嶄新的數學體驗之後，愛因斯坦已經能夠自在的使用黎曼幾何所發展出來的一套愛氏稱之為「張量分析」的計算方法，這套計算方法之於廣義相對論就如同微積分之於牛頓力學一樣自然。1922 年 12 月愛因斯坦在京都的演講談到：

如果所有的系統都是等效的，那麼歐氏幾何就
無法全然成立。但是捨去幾何而留下物理定律，
就好像捨去語言而留下思想。我們必須在表達
思想之前找到語言，我們到底能找到什麼語言？
一直到 1912 年的某一天，我突然想到解開祕密
的鑰匙就是高斯的曲面論……不過那時我還不
知道其實黎曼已經為幾何立下了更深刻的基礎
……我終於認識到幾何學的基礎在物理上的重
要性……我問我的朋友（格羅斯曼），黎曼的理
論是否能解答我的問題。

愛氏的問題一言以蔽之，就是從黎曼幾何的理論出
發，時空的幾何本質是否能充分反映時空的物理？

從愛因斯坦在不同場合所談到的數學體驗，我們不
難理解為什麼他會如此讚美數學。最大的原因是當他發
現了整個時空的奧祕就在「等效原理」的時候（愛氏自
稱這是他「一生中最令人快樂的想法」），他需要一套語
言來幫他說出，在尋尋覓覓的過程中，沒有想到在半個
世紀之前黎曼已經幫他打點好了一個完美的數學結構，
默默的等待巨人愛因斯坦的來臨。要知道在黎曼死後，
一直到愛因斯坦，微分幾何（黎曼幾何）並非當時數學
發展的主流，但是由於愛因斯坦在廣義相對論中引用了

大量的張量分析論證物理結論，得出革命性的看法，引起全世界物理學家、哲學家和數學家的濃厚興趣，直接的促進了黎曼幾何的發展。緊接著下來，在 1917 年義大利的數學家列維－齊維塔 (Tullio Levi-Civita, 1873-1941) 成功的把向量的平移概念引進了彎曲的空間，可說是黎曼幾何發展中最重要的一個里程碑。

愛因斯坦一生從未發表任何數學論文，他所關心的是物理問題，但是他對黎曼幾何（微分幾何）的貢獻可能超過當代許多幾何學家，因為他的研究告訴我們如何透過物理來認識幾何，闡明了古典歐氏幾何和近代微分幾何在理解物理時所扮演的角色。

■ 參考資料

1. A. Pais, *The Science and the Life of Albert Einstein.*

2. 黎曼著，張海潮、李文肇譯，〈論幾何學基礎的假說〉，《數學傳播》，第 14 卷第 3 期。

網址：http://www.math.sinica.edu.tw/

1964 年 3 月 13 日

物理學家費曼 (Richard Phillips Feynman, 1918-1988) 辭世之後，他在加州理工學院的同事顧德斯坦夫婦 (D. Goodstein 和 J. Goodstein) 將費曼在 1964 年 3 月 13 日應 R. Vogt 教授之邀，對大一修普物的同學所作的大約二小時的演講整理出版，書名是《費曼遺失的講稿》(*Feynman's Lost Lecture*，美國：加州理工學院，1996 年發行)，副題是「行星繞日的運動」。

顧氏夫婦根據的資料大致上是費曼當天上課的錄音和費曼為上課準備的筆記。顧氏夫婦頗花了一番功夫(見該書的第三章) 將費曼當天上課的情形重現，並且根據上課的內容增補了上百幅的幾何圖形；顧氏之所以增補這許多插圖，主要是因為本次演講是費曼對行星繞日的軌道為什麼一定是橢圓所提出的幾何解釋，因此需要大量的幾何圖形來輔助同學理解。

費曼當天一開場就對大一的學生說 (該書第四章)：

如果用微積分，寫下一個（行星繞日軌道的）微分方程，然後求解，不難證明繞日的軌道是一個橢圓⋯⋯通常數學系會站出來幫大家解這個微分方程式，同時證明軌道真的是一個橢圓，我們總要讓數學系有些事可做⋯⋯

費曼這段話順便調侃了一下「否則會無事可做的」數學系，自然引起全場一片笑聲。費曼所謂橢圓軌道的幾何解釋正是有別於解微分方程式的解釋，因為後者用了威力極強的工具——微積分。

費曼接著說：

許多人欣賞幾何論證的優雅與美，但是自從笛卡兒 (René Descartes, 1596-1650) 之後，幾何化約成代數。時至今日，幾乎所有的力學問題都化約成一堆紙上的符號，再也不提幾何的方法⋯⋯但是，在牛頓的時代，流行的是自歐幾里得以降的幾何傳統。牛頓的鉅著：《自然哲學的數學原理》就是以幾何方法寫成——所有的計算都以幾何圖形來呈現。

費曼這段話一般人可能不容易了解，不過，如果回

想起當小學生時所學的圖解算術，多少可以領會費曼的意思。

　　在小學五六年級，還沒有學代數解方程式的時候，經常會碰到一些只能用算術解決的問題，這時候圖解是一個非常有用的辦法。下面這個問題就是如此：

　　爸爸的年齡是 30 歲，兒子的年齡是 5 歲，請問幾年以後，爸爸的年齡是兒子年齡的兩倍？（答案是 20 年以後）

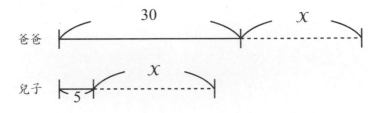

　　這個問題如果是在小學，可以先畫一條長線段代表 30，再畫一條齊頭平行的短線段代表 5，在 30 的這一段尾巴接著畫一條線段代表若干年後，同時也在代表 5 的這一段尾巴畫一段同樣長的線段來代表若干年後，再觀察兩個圖形之間的關係，很容易發現答案是 30 扣掉 5 的二倍，亦即是 20 年後。這個方法不管爸爸與兒子的年齡是多少都一體適用，答案總是爸爸的年齡扣掉兒子年齡的兩倍。這就是費曼所說的幾何方法，但是如果用方程式來寫，比方說寫成 30 + x = 2(5 + x) 感覺起來味道全失；

這也就是當天費曼對學生說的：「我希望你乘坐一輛優雅的馬車，而不要乘坐一輛花俏的跑車。」馬車雖慢，但是軌跡歷歷，印象深刻，這才是做學問的要領。費曼想告訴學生的是希望大家用基本的方法來了解複雜的現象。不過費曼又說：「基本並不代表容易……基本指的是以智慧來取代知識。」在以基本的方法來了解事物真相的時候，可能要拆成許多步驟，但是每一個步驟都恰如其分，只要利用學過的知識就可理解。

雖然費曼得諾貝爾獎是在 1965 年，但是在 1964 年 3 月 13 日這一天，費曼在物理界的地位已經如日中天，除了在量子電動力學上的成就，他還寫了有名的《費曼講稿》，至今仍然是一本對各個階段學習物理的學者極具啟發的教材。

但是費曼為什麼要一而再，再而三的強調回到物理現象的基本幾何解釋？其實這是一個大師級的人物反璞歸真的學術歷程。在 1964 年 3 月 13 日，費曼演講的對象並不完全是在場的大一學生，他演講的對象也包括他自己，因為他需要一個場合公開與自己對話，透過這樣一個公開的對話，檢驗自己是否真正的掌握了物理的優雅與美。

謝謝顧德斯坦夫婦為重現優雅與美所做的努力。

跳高革命的先行者

■ 福斯貝里

「頭腦簡單，四肢發達」這八個字經常用來調侃運動員。但是根據我多年來的觀察和體驗，優秀的運動員不但聰明，韌性十足，並且具備臨危不亂的氣度，能夠在瞬息萬變的競技場，以迅雷不及掩耳的速度奮力出擊，展現充滿智慧的力與美。這其中最具代表性的人物就是發明背越式跳高的選手，美國人福斯貝里 (Dick Fosbury, 1947-)。

福斯貝里在初中畢業的時候已經跳出 5 呎 4 吋的成績，他習慣的跳高方式是剪式。剪式這種跳法在躍起之後，先過內側腳，等到外側腳也過竿後，兩腳同時落地。早期練跳高多半都是從剪式開始，因為剪式比較好學，也比較安全，特別是落在沙坑的時候。當時也流行俯滾式；不過福斯貝里對俯滾式從不熱中，他心裡想的是，在跳剪式的時候只要能盡量挺高臀部，成績就會改善。

　　根據 Kerry Eggers 在 1998 年的訪問稿，福斯貝里在
1963 年讀高二的某次比賽中，先用剪式跳過 5 呎 4 吋，
然後挺著屁股過了 5 呎 6 吋，但是因為挺臀的關係，肩
膀自然得往後仰。在這一挺一仰之間，他居然連連過竿，
從 5 呎 8 吋、5 呎 10 吋一路跳到 6 呎。當他跳過 5 呎 10
吋的時候，樣子看起來非常奇怪，基本上是躺著過竿的。
不過還好，因為這時厚墊已經取代了沙坑，否則後果不
堪設想。接下來的賽季，福斯貝里持續的改進他古怪的
姿勢，成績達到 6 呎 3 吋，並且在高三下以 6 呎 7 吋的
成績得到全國中運會的冠軍。這段時間，福斯貝里基本
上是用一種躺著的剪式過竿，身體並沒有反弓成弧形。
雖然得到全運會的冠軍，可能因為姿勢古怪，福斯貝里
仍須花上一番唇舌才爭取到故鄉俄勒崗州州立大學的獎
學金。

　　福斯貝里初到俄勒崗大學就讀的時候，教練華格勒
並不中意福斯貝里自創的招式。華格勒認為如果改練俯
滾式，福斯貝里的成績會更好。但是當福斯貝里在加州
的一場比賽中用自創式跳過 6 呎 10 吋以後，華格勒決定
投降，願意協助福斯貝里發展所謂的「福斯貝里背越式」
(Fosbury Flop)。此時跳高的世界紀錄是由俄國人布魯梅
爾 (Valery Nikolayevich Brumel, 1942-) 保持，成績是 7 呎
又 5.75 吋。

戲劇化的一刻終於來臨。1968 年 10 月 20 日，福斯
貝里在 8 萬名觀眾面前以自創的背越式，身子反弓成一
個優美的弧，一躍而過 7 呎又 4.25 吋，得到墨西哥奧運
的冠軍。

福斯貝里石破天驚的一跳不但讓現場 8 萬名觀眾欣
喜若狂，同時也讓所有參賽的選手目瞪口呆。這到底是
怎麼回事？這些一輩子浸淫於俯滾式的高手竟然三兩下
就敗給一個名不見經傳的鄉巴佬！更令人不堪的事還在
後頭，福斯貝里在年輕的後進之中掀起了一股背越式跳
高風。到了 1976 年的奧運，跳高項目的前三名都是背越
式，1980 年後，剪式和俯滾式在競技場上已經消失。背
越式的發明，不論在觀念上或是技巧上，都是一個結結
實實的革命，而這個革命的發動者從頭到尾就只有福斯
貝里。

在科學史上，我們也同樣的經歷了大大小小的革命。
從伽利略、牛頓以降，物理的發展基本上讓亞里斯多德
對物理的看法消失；而相對論和量子力學雖不至於將牛
頓力學束之高閣，至少在對時空和基本粒子的看法上也
引發了一個結結實實的革命。同樣的，革命的發動者從
頭到尾就是幾個人，像是愛因斯坦、普朗克 (Max Planck,
1858-1947)、薛丁格 (Erwin Schrödinger, 1887-1961)、波
爾 (Niles Bohr, 1885-1962) 和海森堡 (Werner Heisenberg,

1901-1976)。

　　福斯貝里一跳成名，研究背越式理論的論文也到處可見。從力學的觀點，選手在離開地面之後，身體的重心循一拋物線運行。此一拋物線的弧度在選手離地之後便已確定，不會改變。重心的路徑雖然未必過竿，但是由於人體反弓成一個弧形，事實上，重心是在體外，在弧的下方。關鍵在於飛行之中，選手可以藉著肢體的曲張，掌握過竿時身體部位的高度。此所以在肩膀過竿之後，兩腳要盡量放鬆下垂，以使臀部能夠抬高。等到臀部過了，頭肩再往下墜，讓兩腿往上抬起順勢而過。重心之外，根據力學，還有角動量的考慮。用通俗的話來說，角動量指的是背越式中後空翻的技巧，有點像平劇

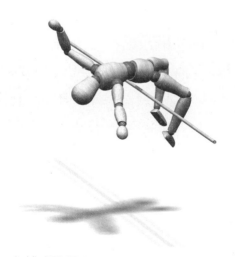

背越式跳高 (©Dreamstime)

中武生的動作，後空翻基本上決定第一時間頭肩是否能夠過竿。

　　單靠力學原理不能造就福斯貝里。福斯貝里反而從身體的實踐之中悟出這一個打敗天下無敵手的招式。據說在福斯貝里之前也有人想過這類點子，但是沒有成形。倒是在福斯貝里的時代，厚墊子已經流行，這肯定消除了背越式的心理障礙——反正不會摔死，乾脆放手一搏。

　　一搏之後，福斯貝里決定退出體壇。他到哪裡去了？以他的名氣，要開宗立派不是難事，但是他選擇回到學校讀完書。1998 年，Kerry Eggers 訪問他的時候，福斯貝里是愛達荷州一家小工程公司的老闆，他的頭銜是土木工程師。

　　1993 年，大俠福斯貝里榮登美國奧林匹克名人堂，距離福斯貝里 1968 年的成名之戰足足遲了二十五年。福斯貝里想來應該不會在乎這些虛名。他所帶來的革命性成就說明了優秀的運動員從來就不簡單，他們是當世的武林中人，絕非只有四肢發達而已。

領袖的風範
■ 悼陳省身先生

　　我這輩子聽過陳省身先生兩次演講，兩次演講都印象深刻。

　　第一次在 1969 年，陳先生去日本開會，順道訪問臺灣，在臺大數學系作了一個演講，講題是「廣義的高斯博內公式」。我當時十分愚昧，並不知道這是陳先生 1944 年的成名作，只是為了一睹最偉大的數學家而混跡聽眾之中，結果一字不懂。聽完之後，系裡有一個座談會，讓陳先生與我們這批小鬼座談。那時，臺灣雖然談不上有什麼數學研究，但是數學系頗有一批志氣高遠的學生，想要了解什麼是世界一流的數學，而系裡也總是滿足我們，只要國外的數學家來訪，一定安排座談。

　　我還記得一位學長問陳先生：「要如何才能成為一個大數學家？」此問一出，全場肅然。陳先生不慌不忙，緩緩說道：「每天讀十四個小時的數學。」小鬼們你看著我，我看著你，再看回陳先生，他笑瞇瞇的看著大家，意思

是說有什麼好大驚小怪的，做學問不下功夫行嗎？

　　再過兩年，升上大四，學微分幾何，書中有高斯博內公式。這個公式雖以高斯、博內兩人命名，不過大家都知道，那是古人。在這個世代，它應該叫做「陳省身公式」。因為陳先生，高斯博內公式才有了最新、最廣、最深刻的形式。

　　第二次聽陳先生演講是 1975 年在波士頓我留學的學校。這間學校雖不能和哈佛、麻省相比，但是由於地利之便，它的數學系和哈佛、麻省形成一個三角聯盟，輪流舉辦學術演講。陳先生來的時候，我校主持人李伯曼教授一反常態，居然穿上西裝打領帶，在介紹陳先生的時候，必恭必敬，仰慕之情，溢於言表。

　　原來波士頓地區是美國研究代數幾何的大本營，陳先生在 1946 年發明的陳示性類（Chern Characteristic Class，亦稱「陳類」，"Chern Class"）很快的變成了代數幾何的基本語言。李伯曼教授當時是代數幾何領域的耀眼新秀，年紀輕輕就當了教授。但是由於一天到晚上課也好，作研究也好，開口閉口都是陳類，尤其是教代數幾何的入門課黎曼面時，開宗明義就是探討向量叢的陳類。陳類這一套描述幾何的不變量就好像談圓的時候，離不開圓周率，談橢圓的時候離不開長短軸，談拋物線的時候離不開焦距，而看到陳先生也就自然像是學平面

幾何的人看到歐幾里得一樣，不得不肅然起敬。

親眼目睹優秀的數學家對陳先生的尊敬，讓我們這些負笈他鄉的學子很是受用。後來，書讀得多了，才真正了解為什麼從 1944 年到 1946 年之間發表的工作可以建立陳先生在微分幾何領域的領袖地位。

當然，成就一個領袖地位不只是因為他的才華，才華之外，最重要的是要有領袖的風範。就陳先生而言，這個風範指的是他對年輕人的提攜、教誨和寬待。陳先生指導的學生中最為人稱道的就是丘成桐，他在 1982 年得到了費爾茲獎，該獎每四年頒發一次給 40 歲以下最有成就的數學家，是數學界的最高榮譽。中國有句俗話說：「有狀元徒弟，無狀元師父。」丘成桐是狀元，陳先生其實也是狀元，只不過當陳先生在 1944 年到 1946 年間提出他原創性工作的時候正值二戰，費爾茲獎因為戰爭而停辦，直到 1950 年才恢復。

1979 年，陳先生從柏克萊退休，是年 6 月在柏克萊舉行了一個學術會獻給陳先生，恭賀他的榮退。根據陳先生一位巴西數學家弟子 Do Carmo 的回憶：「在閉會晚宴上，陳省身的一個最早學生 Louis Auslander (1929-1997)，他請所有陳省身的學生起立，這是一個很動人的場面。但是 Raoul Bott (1926-2005) 要求講話，他說：『好極了，Louis 請陳省身的學生起立，這已經做了。

但是我要在這裡說，以這種方式或那種方式而論，我們全部都是陳省身的學生。」」（Do Carmo 的文章收錄在《陳省身──20 世紀的幾何大師》書中。新竹：交通大學。）Do Carmo 的文章令人感動，Bott 是偉大的數學家，他的話也令人感動。我想起歌德 (Joharln Wolfgang von Goethe, 1749-1832) 悼席勒 (Friedrich Schiller, 1759-1805) 的詩句：

　　全世界都感謝他的教誨。

　　謝謝您，陳先生。

項武義概論數學

升大二時，我從工學院轉到數學系。轉系前，我超前讀了一些大二上的功課，因此初進數學系時還能應付。但是到了大二下，由於加入橄欖球隊，每天泡在球場，功課弄得一塌糊塗。大二下的成績是高等微積分 80，高等代數 60，高等幾何 60，微分方程 50，體育 90；兩個 60 分還是靠老師手下留情，否則我就被二一退學了。還記得成績單寄到家裡後，母親寫了一封信給我，內有「你究竟是念數學系還是念體育系?」這樣的調侃。

此後，我不敢輕忽功課。加之漸漸習慣了橄欖球隊激烈的練習，功課大有起色。只是數學這門學問，讀歸讀，要能精準掌握並不容易。我讀大學的時代，老師奇缺，大二最重要的三科都是碩士班剛畢業的研究生教的，由學校特別情商國防部讓他們留在學校以教書替代預官役。剛拿碩士的學長學問有限，見識也不足。教書能不出錯已經算是難得，同學們學習大都靠自修和互相討論，

成就自然有限。其他學系也好不到哪裡。功課好的學生多半靠自修，即使提出重要的問題也很少能獲得指導。

可以這麼說，如果一直這樣自修念下去，遲早會出亂子，不是失去自信，就是讀錯重點，腦袋中塞滿瑣碎的東西，然後在畢業兩年之後，例如服完兵役，全部忘掉。所幸在大四上，我規規矩矩聽了一學期項武義先生的課，這門課每週 3 小時，共上 16 週，48 小時的聽講讓我脫胎換骨，完全變了一個人。

武義師當時是柏克萊大學的教授，那一年輪休，回母系客座半年。他開的課名叫「數學概論」。這門課，大體上把大學部應學的數學揉在一起講授，同時說明每一個主題的重要性和在全局學習中的地位，一氣呵成。呵成之後，再略提與更高階的學習如何接續，與較低階的學習如何連結。聽這樣的課彷彿吃了仙丹，把胸中這幾年來學的糟粕一掃而空。一些自己亂練的真氣也都陸陸續續的到位，那種感覺現在想起來，仍然十分痛快。

武義師比我大十二屆，在師大附中讀書的時候已經是個小數學家，進了大學之後，不只是用功，對學問的掌握也非常深刻，後來到普林斯頓三年拿到博士，與哥哥項武忠都師承當時拓撲學界的祭酒——大數學家 Norman Steenord。

1970 年武義師在系上客座時不過三十出頭，已然有

大師風範，講課時不僅對主題了然於胸，證明時總是切
中要點，枝蔓不生，讓臺下的聽眾經常有頓悟的感受。

　　有一次，武義師講薩德定理 (Sard Theorem)。這定理
主要是說明臨界值的分布狀況。武義師在說明了什麼是
臨界點和臨界值之後，立刻就指出薩德定理在大一微積
分中其實就是「當微分處處為零時一定是常數函數」這
個定理。武義師所言是薩德定理一個非常特殊的情形，
但也是非常重要的類比。這個類比體現了武義師一向強
調的高階（薩德定理）和低階（微積分）之間的連結。
他這樣一說之後，同學們當下就明白了一半，然後武義
師開始講證明。他告訴我們他要作臨界值分布的估計，
因此要先對臨界點作分類。他想要作什麼？他手頭有什
麼工具？他如何化簡問題？武義師一步一步說明想法如
何形成，三小時過去了，同學們已經完全了解這個定理，
包括證明這個大定理需要的高階數學技巧。

　　武義師在客座半年之後，轉往德國進修。再過半年，
我畢業入伍。三年之後，我進到美國一間二流大學讀博
士學位。初到美國，人生地不熟的，有一天上課，老師
講薩德定理，當他在黑板上寫下定理的時候，我立刻就
發現他把「臨界值的分布」錯寫成「臨界點的分布」，但
是沒有人發現。我舉手發言，用結結巴巴的英語提醒老
師寫錯了。老師聽懂了我的英語，但是他一時轉不過來，

反而問我他到底錯在哪裡，我告訴他這個定理在大一的微積分中扮演的角色，因此不難理解為什麼「臨界值的分布」才是一個合理的論述。我說完了以後，全班的同學和老師都恍然大悟，老師很高興，他謝謝我。他說：「你的看法非常美妙！」("Your comment is so beautiful!")

由於在武義師的課中，對幾個研一要學習的重要議題都已經了然於胸，所以我在研一上學期，就提前考過了一般考試 (general examination)。所謂一般，是指讀博士學位之前必須具備的數學通識，包括代數、分析和拓撲或微分幾何，有別於第二階段選定專業領域之後的論文前口試，論文前口試通常只涉及單一領域如微分幾何的幾篇重要論文。考過一般考試等於省了一年，可以直接進入專業領域。

即使是在專業領域的學習中，武義師的影響仍然讓我比其他的同學更加自在。因為武義師經常強調數學學習的思想層次 (而非僅止於技術面)。比方說他會告訴我們某個重要的定理在數學發展中的關鍵角色，某個數學結構如何總結過去的經驗。這種思想性的訓練讓我們在學習時產生一個自然的制高點，同時也培養了我們學習的品味。如果數學作品像流行歌曲，武義師除了告訴我們重要歌曲產生的方式和歷史背景，也讓我們有了鑑賞好歌的本事。

　　不過，在當時，因為年輕，並沒有經常回過頭來看到武義師的課對我們的影響；在那個時代，出國，可以說是退此一步即無死所，我們也只能是一艘漲滿了風的帆船，在大海中奮力前進。對受教於武義師的許多感想，都是後來開始教書、做研究之後才發現的。有人形容受教於好老師就像「站在巨人的肩上」，看得深遠而廣，心胸也自然寬大，我的經驗確是如此。

君子之爭

　　橄欖球運動給人的感覺十分暴力，主要是因為容許
球員身體之間的碰撞，持球者可以用肩膀撞開對手，防
守者也可以用肩膀配合手臂擒抱持球者。擒抱的動作往
往十分激烈，有如在警匪影片中發生的景象，警察飛身
擒抱搶錢的歹徒。幸好橄欖球場不是水泥路面，否則一
定傷亡慘重。

　　橄欖球運動的英文名稱是 Rugby。Rugby 一詞指的是
英格蘭中部 Warwick 郡 Rugby 市的一所中學，該校正是
1823 年橄欖球運動的發源地。一般接受的說法是，1823
這一年，在 Rugby 中學校內的一場足球賽中，選手
William Webb Ellis 突然雙手抱起足球衝向對方的陣地。
的確，許多足球的愛好者都曾經因為兩腳不夠伶俐，而
在場上望球興嘆，如果可以用手抱球前進，豈不快哉？
說的也是，人類本是雙手萬能，到底為了什麼非得規定
只能用腳玩球？選手 Ellis 的此舉不過是反璞歸真，用現

橄欖球運動打破了足球運動「只能用
腳」的迷思 (©ShutterStock)

在的話來說，就是打破了只能用腳的迷思。迷思一旦打
破，抱起球來可以衝，碰到衝來的人可以撞，球場變成
了戰場，打球變成了打架，場面非失控不可。

畢竟，打球不是打仗，橄欖球場上擦傷常見，偶而
也會骨折，但是若要冒著生命的危險打球，這種運動不
要也罷。不過，實際的情況是為了球賽的精彩，又為了
保護球員的安全，橄欖球運動逐漸發展出一套相當繁複
的規則，並且經常修訂，以因應運動的兩大需求——好
看和安全。

設想在球場上有 15 個警察和 15 個搶匪，其中只有

一個搶匪帶有金塊。帶著金塊的這個傢伙拚命要跑到球場的端線，你想，這會是個什麼光景？如果沒有任何規則節制，這 30 個人非打成一團不可。從電視上常見的美式足球可以看出，拿著金塊的搶匪想辦法前傳給前面的同伴，其他的同伴則負責干擾警方，一旦失誤發生，通常球賽就會暫時停止，兩方必須重新布陣出發。

雖然美式足球脫胎於橄欖球，但是橄欖球運動的思維卻和美式足球大不相同。

首先，橄欖球規定不能穿戴盔甲；盔甲也許可以增加對球員的保護，但是利用盔甲猛撞也必定會增加對球員的傷害。其次，橄欖球規定未持球者不能干擾未持球的對手，這不過是要求君子之風，不足為奇。最後，橄欖球規定球不能前傳，因為容許前傳會增加防守的困難，干擾對方就在所難免。事實上，橄欖球規定，任何出現在持球者前方的同伴都必須假死，不能有任何形式的支援或干擾。然而，這三點不同還不是規則中最複雜的。橄欖球規則最複雜的部分就是對球在地上時的處理，這部分規則之細膩繁複有時連裁判都無法順利掌握。

話說當持球者遭到對手擒抱倒地，橄欖球規則要求他必須立刻鬆手，不得對球有進一步的操弄。因為如果這個倒地的持球者死抱著球不放的話，那不只是比賽無法進行，而且，其他在附近的「警匪」可能就會一擁而

上，在地上搶成一團。就運動而言，不只難看，搞不好還會把倒地的球員活活踩死。因此，當持球者了解到這一條強制放球的規則其實是對球員安全的保障時，他應該立刻在地上把球推向一個距離頭部較遠的地方，接下來當然就看其他的「警匪」怎麼搶這塊釋放出來的金塊了。

　　正如實際發生的狀況，最靠近金塊的人當然會一把抱起繼續前進，距離稍遠的可能一腳伸出，或踹或勾，讓大家都暫時拿不到，至於距離更遠的搞不好就飛身撲了過來，準備來個後發先至，攪亂整個戰局。這些都是合法的行為，反正只要服從「倒地必須放球」的規則，至少球員的安全無虞。不過，大部分常見的情形反而是金塊和「警匪」雙方大致等距，看來可以拿到的球，對方也來伸手。這時，規則規定兩方可以暫時放棄拿球而用肩膀互頂，向前推進，成功的一方必須用腳將球撥出繼續比賽。互頂發生之後，兩方球員還可以次第從己方加入，形成一個所謂的「亂集團」（亂集團是英文 "Ruck" 的中文意譯）。正確的處理亂集團可以讓橄欖球既安全又好看。對觀眾而言，最難理解的也就是亂集團，一旦看得懂亂集團的形成、發展和接續攻擊，可以說已經登堂入室，不只是光看熱鬧而已。只是球場上變化多端，規則總有不足，也只好一修再修。

比賽的雙方正在用肩膀互頂, 看哪一方先以腳將球撥出
去 (©ShutterStock)

　　中華民國橄欖球協會, 在 2003 年至 2004 年所頒發
的規則首頁有一段附加說明:

　　　國際橄協規則一改再改, 來函一變再變, 以致
　　　所謂「新規則」不知該以何時為界……

　　為何如此? 因為「人是活的, 而球是死的」。橄欖球
賽要求既好看又安全, 要完美的調和這兩個衝突的概念
並非易事, 這也就是規則一修再修的原因。
　　規則一修再修的結果是, 任何一位球員只要離開這
個運動五年, 當他再度回到球場時, 一定會感覺到規則

已經調整。即使是計分部分，陽春達陣也從早年的三分，先改成四分，又改成五分，許多人都預測將來還會改成六分。但是不管規則如何修改，所有橄欖球員對橄欖球運動的認識和以前並無不同，那就是——你可以粗野，但是不可以小人。

不虛此行

　　我在就讀建中之前的十五年，知識或品性上的成長，多半來自於家教和自學。大體上，母親培養了我的閱讀能力和習慣，父親則在我六年級的時候教我解方程式，並且在我要升入初中之際要求我背熟每一課英文。至於品性，父母以身教代替言教，我從父母身上強烈的感受到他們對國家的忠誠，對工作的敬業，還有對朋友的盡義，這些當然都影響了我一生的行事和做人。但是建中三年的教育，卻是一段更重要的經驗，它提升了我的見識，為日後獨立思考打下了基礎。

　　先說當年的建中，考國文的時候規定要用毛筆作答。我們每一學期有三次月考和一次期考，考國文總在第一堂課。通常在升旗典禮之後回到教室，值日生已經準備好一桶清水擺在教室前方。我們用硯臺打一點水，慢慢的磨墨，調毛筆，試墨的濃度，同時也試寫幾個字。在考卷發下來之前，用軍隊的術語來說，大家已經進入攻

擊發起線，準備全力一搏。

考卷發下來了。用毛筆和用原子筆有什麼不同？當然是毛筆寫下去以後不好更改，誰也不喜歡把卷子塗成一張大花臉，讓國文老師看了搖頭。當時在建中考國文的時候的確如此，花在斟酌用詞的時間相當長，總要想好了以後才下筆，務求一次到位，枝蔓不生。那時每兩週有一次作文課，我本來的習慣是先用鉛筆打好草稿，再用毛筆謄到作文簿上。大約到了高三的時候，已經可以做到盡量先在心裡安排，一面安排，一面隨手在紙上記幾個要點。比方先說什麼，再說什麼，兩論點的中間穿插一點什麼，如此一來，自然省去不少時間，下筆時反而更加從容。

這裡必須要談到我高三的國文老師杜聿新先生。杜老師教我們的那年剛好40歲，班上的同學因為喜歡他而稱他老杜。老杜是河南人，北師大還沒畢業就投入青年軍和共軍打仗，最後是在臺北的法商學院把學分補齊。先生國學一流，講書的時候，只要是碰到重要的議題，會特別用15到20分鐘的時間仔細說明，用先生自己的話來說，就是國文之學首重義理，所謂「讀聖賢書，所學何事」。有一次先生解釋什麼是愛國心。他先說一個故事，抗戰的時候日本人打到先生的家鄉，學校開始流亡。學校的老師和同學一起步行到大後方去。為了躲日本人，

他們翻山越嶺晝伏夜行，大約走了半個多月。有一晚，
走了一夜，天亮的時候翻上一個山頭，突然看到山下有
一塊平坦的操場，操場上的旗桿升起一面青天白日滿地
紅的國旗。看到國旗的時候，所有的人都停下了腳步，
靜靜的站在山頭，一動也不動的望著國旗，一行人就這
麼站在那裡，望了很久很久很久。老杜說這件往事給我
們聽的時候，臉上帶著他一貫親切的笑容，好像故事裡
的人不是他自己。

　　老杜當然也有憤怒的時候。高三上的寒假，職掌建
中最久的校長賀翊新先生退休了。新校長甫一上任，就
要求我們在制服的右上方繡上自己的名字。高三下的第
一堂國文課，老杜一進教室，看到每個人制服上的名字，
非常不高興，因此決定要與我們談一點義理。他說：「只
有監獄裡的犯人才會在衣服上繡名字。」他又說：「今天
看到各位，我以為是站在監獄之中。」接下來，老杜解釋，
在團體生活中，為了同學之間相互認識，不妨設計優美
大方的名牌，別在衣服上面，但是放學之後，就應該取
下，因為以名字公然示眾，是對人的極不尊重。

　　老杜說這些話的時候正值 1967 年，是一個管理主義
盛行的時代，是一個無條件效忠領袖的時代。老杜在大
環境下，依然固守教育的崗位，認為教育的目的是以人
為本，可謂出淤泥而不染，是教育的中流砥柱。

　　1997 年，我們班上二十幾位同學在畢業三十年後回到建中。那天是週六下午，我們進入一間自習教室，許多學弟正在操場上打球，教室裡空無一人。同學們很自然的坐回原來的座位，聊了幾句之後，有人提議唱校歌。我們於是從「東海東，玉山下」一路唱到「同學們，同學們，同學們，努力奮鬥同建大中華」。唱完以後，大家都覺得應該再唱一次，於是我們又唱了一次。我們唱到「春風吹放自由花」，又唱到「為樑為棟，同支大廈」。我從來不知道我的這些老同學這麼喜歡校歌。

　　聚餐的時候，老杜因為車禍失智，無法前來。同學們談起老杜，我想起老杜有一次上課說的故事。故事的主角是老杜讀小學時的老師，這位小學老師思想比較前衛，有一天帶了一個罐子到教室，裡面裝了一塊石頭。小學老師對小學生說，母親懷胎，就好像罐子裡有一塊石頭。接著小學老師把石頭從罐子中取出，又對小學生說，母親產子，就好像石頭離開了罐子。老杜於是轉問我們，大家覺得這位小學老師的比喻恰當嗎？這個故事有的同學記得，有的不記得，不過有一點大家雖未說出，但是都一致同意，那就是建中三年，不虛此行。

人名索引

一、中文人名

李政道　82-83, 85
杜聿新　175-177
周公　50-51
丘成桐　161
丘宏義　145
夏志宏　120, 123-124
祖沖之　5
高涌泉　104
商高　50-54
曹亮吉　78, 105
梁宗巨　50, 53, 94
梁實秋　19-20
陳省身　6, 7, 145, 159-162
項武忠　164
項武義　164-167
趙爽　50

二、外文人名

Abel, Niels Henrik 阿貝爾　83
Adleman, Leonard 艾多曼　58
al-Kashi, Jemshid 卡西　6

Aristotle 亞里斯多德　73-74,
　125-126, 156
Atiyah, Micael 阿提雅　101, 104
Auslander, Louis　161
Bohr, Niles 波爾　156
Bolai, János 鮑耶　89, 91
Bott, Raoul　161-162
Brumel, Valery Nikolayevich
　布魯梅爾　155
Carmo, Do　161-162
Collatz, Lorthar 柯拉茲　39
Copernicus, Nicolaus 哥白尼
　129, 138
Coriolis, Gaspard-Gustave 科里奧利
　131-132
Courant, Richard 庫朗　3, 7, 76
Darwin , C. R. 達爾文　138
Descartes, René 笛卡兒　151
Diacu　123
Diffie, Whitfied 迪菲　56-58
Eggers, Kerry　155,158
Einstein, Albert 愛因斯坦
　137-138, 145-149,156

Ellis, William Webb　168

Erdos, Paul 艾狄胥　41

Euclid 歐幾里得　15, 32, 69, 75-76, 82, 86, 88, 91, 98, 151, 161

Euler, Leonhard 尤拉　31, 42-43, 45, 118

Fermat, Pierre de 費馬　38, 41

Feynman, Richard Phillips 費曼　150-153

Fosbury, Dick 福斯貝里　154-158

Foucault, Jean Bernard Léon 佛科　130-131

Friedrichs, Kurt O. 弗里德里希斯　3

Fuller, Richard Buckminster 富勒　34

Galilei, Galileo 伽利略　74, 125-128, 156

Galois, Évariste 加羅瓦　83

Gauss, Carl Friedrich 高斯　20-21, 23, 89, 91, 147-148, 160

Goethe, Joharln Wolfgang von 歌德　162

Goodstein, D. 和 Goodstein, J. 顧德斯坦夫婦　150, 153

Grand Duke of Tuscany 托斯干大公　125

Grossman, Marcel 格羅斯曼　146, 148

Hall, Monty 蒙提・霍爾　24, 27

Heisenberg, Werner 海森堡　156

Hellman, Martin 黑爾曼　56

Hilbert, David 希爾伯特　3

Hill, George William 希爾　118

Holmes　123

Jackson, J. David　138

John, Fritz 約翰　3

Kepler, Johannes 刻卜勒　21-22, 104, 115-118, 121

Kleppner, Daniel 克里普納　106, 108

Kramer, Edna E.　78

Kronecker, Leopold　67, 79

Lagrange, Joseph-Louis 拉格朗日　118

Lambert, Johann Heinrich 藍伯特　5-6

Leibniz, Gottfried Wilhelm von 萊布尼茲　103

Levi-Civita, Tullio 列維—齊維塔　149

Lobatchevsky, Nicolaï Ivanovitch

羅拔切夫斯基　89, 91

Merkle, Ralph 墨克　56

Newton, Isaac 牛頓　23,
101-104, 108, 118, 121,
125-126, 128, 131, 147, 151,
156

Oenopidees 伊諾皮迪斯　98

Ostwald, F. W. 奧斯特瓦爾德
138, 141

Painlevé, Paul 潘拉偉　120,122

Pais, Abraham 派依斯　138, 146

Peano, Giuseppe 皮亞諾　67,
69-70, 72

Planck, Max 普朗克　156

Plato 柏拉圖　98-99

Playfair, John 普萊費爾　86-87

Poincaré, Jules Henri 龐加萊
118

Ptolemy, Claudius 托勒密　125

Pythagoras 畢達哥拉斯　50, 98

Ramsey, Norman 藍西　106-108

Riemann, Georg Friedrich Bernhard
黎曼　89, 91, 147-149

Rivest, Ronald 瑞維斯特　57

Robbins, Herbert 羅賓斯　3, 76

Russell, Bertrand Arthur William
羅素　6-7

Sarri, D.　120

Savant, Marilyn vos 瑪麗蓮・薩凡特
24-27

Schiller, Friedrich 席勒　162

Schrödinger, Erwin 薛丁格　156

Shamir, Adi 薛米爾　58

Steenord, Norman　164

Stoker, James J. 斯托克　3

Thwaites, Bryan 史維特　40-41

Tycho, Brahe 第谷　116

名詞索引

DHM　　56, 58

RSA 密碼系統　　56, 58

2 ~ 3 劃

九宮格　　46

二階變化率　　102-103

二體問題　　115, 118-119, 121

人造衛星　　121

入射角　　113

力學　　33, 101, 103, 111-112,
　　120, 131-132, 147, 151,
　　157-158

三段論　　5

三體問題　　118, 120

4 劃

分期付款　　13, 29-30

勾股弦定理　　50-51, 54, 94

反射角　　113

反演　　83

反證法　　73, 80

天蠍座　　136

太陽年　　135

尺規作圖　　38, 97-100

5 劃

代數　　12, 59, 151-152, 166

代數幾何　　160

冬至　　133-134

加速度　　101-103

加速度場　　147

加權　　63-64

北回歸線　　134

古典幾何　　89, 96

史比智力測驗 Stanford-Binet Test
　　24

平行公設　　72, 86-92, 95

平面幾何　　4, 10, 54, 86-87, 97,
　　99-100, 160

生日問題　　60, 62

白羊座　　135

6 劃

交換鑰匙 exchange key　　55-57

光速　　137-138, 140-141

光學原理　　113

向量叢　83, 160

回歸年　135

多體問題　115

曲面論　147-148

有理數　77-78

自由落體　106, 126-127

自明之理 self evident　88, 90

自然數　67-69, 79

自然數系統　67, 70

7 劃

位能　106

位置平移　83

佛科擺 Foucault Pendulum　130-132

判別式　85

否證法　73, 80

坐標幾何　97, 100, 105

坐標變換　146-147

投影幾何　5

牡羊座　135

8 劃

或然率　59

拓撲幾何　5

拋物線　157, 160

抽樣誤差　63

近日點　116

長短軸　160

非歐幾何　5, 86, 89, 91, 95

9 劃

信心水準　63-66

信賴區間　65-66

南回歸線　134

後繼者 successor　68-70

恆星年　135

春分　133-135

春分進動 precession of the equinoxes　135

科里奧利力　131-132

美國數學教師會 The National Council of Teachers of Mathematics (NCTM)　12

背越式　154, 156-158

重力　115, 139

重力加速度　102-103, 127

重立場　147

10 劃

俯滾式　154-156

夏至　134

射手座　136

時間平移　83

特殊相對論　137

能量不減　111-112

馬克斯威爾方程式　104

高斯博內公式　160

高等代數　163

高等幾何　163

11 劃

偏心率　121

剪式　154-156

動能　106

動量不減　111-112

參數方程式　105

商高定理　50, 97

張量分析　147, 149

排列組合　15, 60, 83

旋進　135

畢氏定理　50, 53-54, 94, 97-98,
100

第五公設　71, 86, 88, 90

統一場論　145

規範對稱　83

陳示性類 Chern Characteristic
Class　160

陳類 Chern Class　160

12 劃

單擺的週期　106

《幾何原本》The Elements　15,
32, 75, 86, 91, 98

循環小數　77, 79

循環利息　30

焦距　160

焦點　118

無理數　77-78, 80-81

等比級數　14

等效原理　147-148

等速運動　102

費馬最後問題 Fermat's Theorem
38

費爾茲獎　161

進動 precession 135

黃道　133

13 劃

亂集團 Ruck　171

圓周率　5-6, 77, 98, 160

微分　103, 107, 165

微分方程式　102, 104, 151, 163

微分幾何　5, 146-149, 160-161,
166

微積分　23, 31, 101-107, 128,
131-132, 145, 147, 151,
165-166

微積分基本定理　103, 107

《微積分速成》Quick Calculus
　　105

愛因斯坦方程式　104

愛迪達公司　35-36

極坐標　105

概算　19

歲差　135

萬有引力　103, 106, 115, 118,
　　120-121, 123, 126

萬有引力定律　118

置換對稱　83-84

運動系統　101-102, 115

運動定律　102-103, 108,
　　126-127, 131-132

運動學　101-104, 131

零存整付　14, 30

《與天文相遇》Celestial Encounters
　　123

14 劃

圖理論　43, 45

對稱　15, 82-85, 113

對稱性自發破缺　83, 85

對稱破壞　83

慣性坐標系　147

慣性系統　131, 140

演繹　5, 99

演繹系統　85

演繹法　5-6, 71

福斯貝里背越式　155

算術系統　67, 72

遠日點　116

廣義的高斯博內公式　159

廣義相對論　104, 146-148

複利　13-14, 28-31

複數幾何　5

15 劃

數系　80

數學歸納法　71-72

數據分析　12

數獨 Sudoku　46, 48-49

歐氏幾何　72, 86, 88-92, 95,
　　145, 147-148

歐幾里得幾何　5, 36

潘拉偉猜想 Painlevé's Conjecture
　　120

窮舉，窮舉法　45, 48-49

質量　102-103, 115, 118, 121,
　　123

質數　74-76

黎曼面　147, 160

黎曼幾何　146-149

16 劃

橄欖球 Rugby　163, 168-170, 172-173

橢圓　22, 115, 118, 121, 133, 150, 151, 160

橢圓型　95

橢圓型幾何　89

機率　12, 25-27, 59-62

積分　103, 105, 107

錐線　105

隨機抽樣　65

17 劃

聯立微分方程式　123

臨界值　165, 166

臨界點　165

薛丁格方程式　104

18 劃（含）以上

歸納　5, 71, 104, 118

歸謬法　73-76, 80

薩德定理 Sard Theorem　165

離心率　121

雙曲型　95

雙曲型幾何　89

雙魚座　135

鏡面對稱　82

變化率　102-103

【世紀文庫／科普 001】

生活無處不科學
潘震澤 著

科學應該是受過教育者的一般素養，而不是某些人專屬的學問；在日常生活中，科學可以是「無所不在，處處都在」的！且看作者如何以其所學，介紹並解釋一般人耳熟能詳的呼吸、進食、生物時鐘、體重控制、糖尿病、藥物濫用等名詞，以及科學家的愛恨情仇，你會發現——生活無處不科學！

【世紀文庫／科普 004】

武士與旅人
高涌泉 著

本書作者長期從事科普創作，他的文字風趣且富啟發性。在這本書中，他娓娓道出多位科學家的學術風格及彼此之間的互動，例如特胡夫特與其老師維特曼之間微妙的師徒情結、愛因斯坦與波耳在量子力學從未間斷的論戰……等，讓我們看到風格的差異不僅呈現在其人際關係中，更影響了他們在科學上的追尋探究之路。

【三民叢刊 283】

天人之際
王道還 著

●科學人、聯合報讀書人書評推薦，中國時報開卷專題報導

智人的始祖，大約 600 萬年前演化出來；與我們長相一樣的人，4 萬年前出現；文明在 5,000 年前萌發；許多人文價值，在過去 100 年內才變成普世。本書各篇以不同的角度討論人文世界的起源、發展與展望。作者是生物人類學者，在他筆下，人類的自然史成為思索人文意義的重要線索。

國家圖書館出版品預行編目資料

說數／張海潮著.－－初版三刷.－－臺北市：三民，
2010
　　面；　公分.－－(世紀文庫:科普003)

　　ISBN 978－957－14－4591－5　(平裝)

　　1.數學－通俗作品

310　　　　　　　　　　　　　　　　95014282

© 說　　數

著 作 人	張海潮
發 行 人	劉振強
著作財產權人	三民書局股份有限公司
發 行 所	三民書局股份有限公司
	地址　臺北市復興北路386號
	電話　(02)25006600
	郵撥帳號　0009998-5
門 市 部	(復北店)臺北市復興北路386號
	(重南店)臺北市重慶南路一段61號
出版日期	初版一刷　2006年9月
	初版三刷　2010年5月
編　　　號	S 300140

行政院新聞局登記證局版臺業字第○二○○號

有著作權‧不准侵害

ISBN　978-957-14-4591-5　　(平裝)

http://www.sanmin.com.tw　三民網路書店

※本書如有缺頁、破損或裝訂錯誤，請寄回本公司更換。